Jürgen Brater
Kuriose Welt in Zahlen

Zu diesem Buch

Hätten Sie gedacht, dass italienische Männer durchschnittlich fast 3-mal im Monat weinen? Dass Oscar-Preisträger 4 Jahre länger leben als Kollegen, die leer ausgingen? Dass eine Glühbirne nur 5 Prozent der elektrischen Energie in Licht umsetzt? Wussten Sie, daß ein Blitz 6-mal heißer ist als die Sonne? Dass die Apfelschale 7-mal so viel Vitamin C enthält wie das Fruchtfleisch und dass das schnellste Tor in einem Fußball-Länderspiel nach 8 Sekunden fiel? Jürgen Brater versammelt in diesem Kompendium jede Menge verblüffendes, kurioses und unterhaltsames Wissen über die Welt in Zahlen – die mit der Null beginnt und in diesem Buch bei der Trillion endet.

Jürgen Brater, geboren 1948, schloss sein Studium der Medizin und Zahnmedizin mit der Promotion ab und praktizierte bis 1996 in eigener Niederlassung. Seitdem ist er als Seminarleiter in der Aus- und Weiterbildung medizinischer Fachkräfte sowie als Fachautor tätig und schreibt auch populäre medizinische Bücher. Von ihm  erschienen unter anderem »Lexikon der rätselhaften Körpervorgänge«, »Generation Käfer« und »Bier auf Wein, das lass sein«.

Jürgen Brater

Kuriose Welt in Zahlen

Mit Vignetten von
Philip Waechter

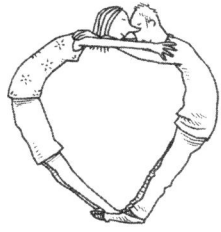

Piper München Zürich

Von Jürgen Brater liegen in der Serie Piper vor:
Lexikon der rätselhaften Körpervorgänge (3940)
Bier auf Wein, das lass sein! (4490)
Kuriose Welt in Zahlen (4780)

FSC

Dieses Taschenbuch wurde auf FSC-zertifiziertem Papier gedruckt.
FSC (Forest Stewardship Council) ist eine nichtstaatliche, gemeinnützige
Organisation, die sich für eine ökologische und sozialverantwortliche
Nutzung der Wälder unserer Erde einsetzt (vgl. Logo auf der Umschlag-
rückseite).

Ungekürzte Taschenbuchausgabe
Piper Verlag GmbH, München
März 2007
© 2005 Eichborn AG, Frankfurt am Main
Umschlag / Bildredaktion: Büro Hamburg
Heike Dehning, Charlotte Wippermann,
Alke Bücking, Daniel Barthmann
Umschlagabbildung: Philip Waechter
Satz: a.visus
Papier: Munken Print von Arctic Paper Munkedals AB, Schweden
Druck und Bindung: Clausen & Bosse, Leck
Printed in Germany   ISBN 978-3-492-24780-1

www.piper.de

Es gibt kein Jahr **0**

In unserer Zeitrechnung folgt dem 31. Dezember des Jahres 1 vor Christus unmittelbar der 1. Januar des Jahres 1 nach Christus.

Das Fehlen des Jahres Null hat zur Folge, dass ein Jahrhundert immer mit dem Jahr endet, dessen Bezeichnung mit 00 aufhört; demzufolge fand der Jahrtausendwechsel auch nicht zwischen dem 31. Dezember 1999 und dem 1. Januar 2000 statt, sondern ein Jahr später, in der Silvesternacht des 31. Dezember 2000.

Manchmal hört oder liest man, das fehlende Jahr Null sei gleichsam eine Panne, aber dabei wird die Bezeichnung von Zeit*spannen* mit der von Zeit*punkten* verwechselt. Wollte man auf einem Maßband die laufenden Zentimeter, also die Zwischenräume zwischen den Zentimetermarken, mit Namen bezeichnen, so würde man dem Zentimeter zwischen der Markierung 0 und 1 auch den Namen »Zentimeter 1« oder »erster Zentimeter« geben und ihn nicht als »Zentimeter 0« bezeichnen. Anderenfalls gäbe es im negativen Bereich in Bezug auf den Punkt 0 keine Symmetrie.

Übrigens: In der Astronomie wird durchaus mit dem Jahr 0 gerechnet – mit der Konsequenz, dass das Jahr 2 vor Christus astronomisch dem Jahr −1 (minus 1) entspricht usw.

Quelle: http://www.net-lexikon.de

Es gibt eine 0. Sinfonie

Sie stammt von Anton Bruckner und ist eigentlich seine zweite. Bruckner selbst war es, der das Werk später als missraten, als »nichtig und ungültig« verwarf und ihr die Bezeichnung »Nullte Sinfonie« verpasste. Auch wenn Musikkritiker Bruckners vernichtendes Urteil relativieren, wird seine Nullte Sinfonie in d-moll bis heute nur selten gespielt.

Quelle: http://www.obernkirchen-info.de; http://www.tonart-heidelberg.de

Die 1 kommt als Anfangsziffer fast 7-mal so oft vor wie die 9

Ende des 19. Jahrhunderts benutzten Wissenschaftler Logarithmentafeln, um komplizierte Rechnungen zu vereinfachen. Dabei fiel dem Mathematiker Simon Newcomb auf, dass die vorderen Seiten der Bücher weitaus stärker abgegriffen waren als die hinteren; Zahlen mit niedrigen Anfangsziffern wurden offenbar besonders häufig nachgeschlagen. 1881 veröffentlichte er im *American Journal of Mathematics* eine Abhandlung, wonach die 1 als erste Ziffer einer Zahl mit einer Wahrscheinlichkeit von 30,1 Prozent vorkomme, die 2 folge mit 17,6 Prozent, und lediglich 4,6 Prozent aller Zahlen begännen mit einer 9.

Etwa 40 Jahre später untersuchte der Physiker Frank Benford Zahlen aus ganz unterschiedlichen Lebensbereichen. Doch egal, ob er die Länge der Flüsse in den

USA, die Fläche von Seen, die Hausnummern einer Stadt oder alle Zahlen in einer Ausgabe des »Readers' Digest« untersuchte – überall begannen rund 30 Prozent der Zahlen mit einer 1.

Die prozentuale Verteilung der Anfangsziffern ist natürlich vom Zahlenbereich abhängig: Betrachtet man die Zahlen von 1 bis 9, dann kommt jede Ziffer gleich häufig vor, nämlich zu je einem Neuntel. Bei den Zahlen von 1 bis 19 übernimmt die 1 schon die Vorherrschaft: Sie erscheint elfmal, was 57,9 Prozent entspricht. Unter den Zahlen von 1 bis 99 beginnen ebenfalls elf mit einer 1; anteilig sind das jedoch wieder nur 11,1 Prozent. Bei 1 bis 1999 sind es 55,6 Prozent und bei 1 bis 9999 wieder nur 11,1 Prozent. Bildet man das Mittel aus diesen beiden Extremwerten, so kommt man für die Anfangsziffer 1 auf eine Wahrscheinlichkeit von etwa 33 Prozent, im Vergleich zur Anfangsziffer 9 also auf den 7-fachen Wert.

Quelle: http://www.quarks.de

Ein Radrennfahrer
verbraucht auf 100 Kilometer weniger
als **1** *Liter Benzin*

Zwar vertilgt ein Profiradler wie Jan Ullrich bei einem schweren Etappenrennen Tag für Tag Nahrungsmittel mit einer Energiemenge von 15 000 Kilokalorien oder 60 000 Joule, also fünf- bis sechsmal so viel wie ein Normalbürger, dennoch geht er mit der Energie im Vergleich zu einem Auto außerordentlich sparsam um.

Denn die täglich aufgenommene Energiemenge entspricht in etwa der von 2 Liter Benzin. Legt der Radler damit eine Etappe von 260 Kilometern zurück, so beträgt sein 100-Kilometer-Verbrauch gerade mal 0,7 Liter, und das bei der beachtlichen Durchschnittsgeschwindigkeit von rund 40 Stundenkilometern!

Quelle: http://www.quarks.de

Van Gogh hat zu Lebzeiten nur 1 Bild verkauft

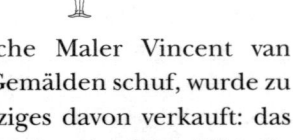

Obwohl der niederländische Maler Vincent van Gogh die stolze Zahl von 871 Gemälden schuf, wurde zu seinen Lebzeiten nur ein einziges davon verkauft: das berühmte Bild »Weinberg in Arles« im Jahr 1890 für 400 Francs.

Quelle: http://www.vangoghgallery.com

Eine Atomuhr geht nur 1 Sekunde in 5 Millionen Jahren falsch

Taktgeber einer Atomuhr ist ein Cäsiumatom, das seinen Energiezustand in einer einzigen Sekunde über 9 Milliarden Mal (genau: 9 192 631 770-mal) ändert beziehungsweise mit einer Frequenz von mehr als 1 Milliarde Hertz schwingt. Diese Schwingungsfrequenz ist zeitlich um ein Vielfaches konstanter als die eines Quarzes, wie er in vielen Armbanduhren enthalten ist. Das Resultat ist eine unvorstellbare Genauigkeit: Im Zeitraum von 5 Millionen Jahren würde eine Atomuhr, wenn sie denn so lange hielte (und es dann noch jemanden interessierte), gerade mal eine einzige Sekunde von der tatsächlichen Zeit abweichen.

Quelle: http://www.w-akten.de

Ein neugeborenes Känguru wiegt nur knapp 1 Gramm

Wenn man bedenkt, dass ein erwachsenes Känguru zwischen 20 und 30 Kilo wiegt, kann man kaum glauben, dass ein neugeborenes kaum größer ist als ein Gummibärchen und gerade mal ein einziges Gramm auf die Waage bringt. Natürlich ist es in diesem erbärmlichen Zustand noch nicht selbstständig, vielmehr bleibt es für die nächsten fünf bis neun Monate im Beutel der Mutter, wo es nach und nach heranwächst. Wenn es schließlich ausgewachsen ist, wiegt es 30 000-mal mehr als bei seiner Geburt. Würde ein Menschenbaby auch in diesem Umfang an Gewicht zulegen, so wöge es als Erwachsener rund 102 Tonnen – fast so viel wie ein Blauwal!

Quelle: Ash – 1001 Zahlen, Fakten, Rekorde, Würzburg, 1999

Die Blutgefäße eines Menschen reichen mehr als 2-mal um den Äquator

Würde man sämtliche Blutgefäße eines Menschen – von den dicken Hauptschlagadern über die unterschiedlich starken Venen bis hin zu den dünnsten Verästelungen – aneinander reihen, so ergäbe sich eine

Gesamtlänge von etwa 96 000 Kilometern, also mehr als die doppelte Äquatorlänge.

Quelle: http://www.didaktik.mathematik.uni-wuerzburg.de

*Obwohl die Vorsilbe »bi-« **2** bedeutet, hat der Bikini nichts mit **2** zu tun*

Dass der lateinische Wortbestandteil »bi-« für die Zahl 2 steht, wird aus Begriffen wie »bilateral« für »zweiseitig«, »bisexuell« für »zweigeschlechtlich« und »bimanuell« für »zweihändig« deutlich. Da könnte man doch meinen, das »bi-« in Bikini bezeichne dessen Zweiteiligkeit. Doch spätestens beim Wortteil »kini« stoßen Lateiner an ihre Grenzen. Und das ist kein Wunder, da sich der Begriff von etwas gänzlich anderem ableitet, nämlich von einem kleinen Atoll im Südpazifik. Tatsächlich bedeutet der Name – nicht ganz unpassend – »Land der vielen Kokosnüsse«, doch das war wohl auch dem Modeschöpfer Louis Réard unbekannt, der sich den Bikini inklusive des Namens im Juni 1946 patentieren ließ. Auf dem Bikini-Atoll hatten die Amerikaner zu Testzwecken die erste Atombombe der Nachkriegszeit gezündet – und wie eine Bombe schlug auch der winzige Badeanzug ein, der nur aus zwei kleinen, von Kordeln zusammengehaltenen Stoffdreiecken für das Höschen und einem für damalige Verhältnisse skandalös kleinen Oberteil bestand.

Quelle: http://de.wikipedia.org

Das kleinste Säugetier wiegt nur **2** Gramm

Die Etruskerspitzmaus wird gerade mal 4 Zentimeter lang – und ist damit 825-mal kürzer als das längste Säugetier, der Blauwal. Beim Gewicht ist der Unterschied noch erheblich größer: Mit 130 Tonnen wiegt der gewaltige Wal 65 Millionen Mal so viel wie die winzige Maus!

Quelle: Flindt – Biologie in Zahlen, Heidelberg, 2000

Das Herz arbeitet mit einer Leistung von nur **2** Watt

60- bis 70-mal schlägt das Herz eines Erwachsenen durchschnittlich pro Minute. Das sind am Tag immerhin rund 100 000 und im ganzen Leben 2,5 bis 3 Milliarden Aktionen. Trotzdem arbeitet das Herz nur mit der bescheidenen Leistung von etwa 2 Watt, also gerade mal dem Dreißigstel einer ganz gewöhnlichen Glühbirne. Womit es die Glühbirne und die allermeisten technischen Geräte jedoch weit in den Schatten stellt, ist seine extreme Betriebsdauer und -sicherheit: 80, ja, nicht selten sogar 90 Jahre und länger arbeitet es ununterbrochen und macht in dieser Zeit nicht ein einziges Mal Pause.

Quelle: Bauer – Humanbiologie, Berlin, 2000

Mit den Steinen der Cheops-Pyramide
*könnte man eine **2** Meter hohe Mauer*
um ganz Frankreich herum bauen

Als Napoleon im September 1798 bei seinem Ägyptenfeldzug die Pyramiden besichtigte, war er von deren gewaltiger Größe derart beeindruckt, dass er eine kühne Schätzung wagte: Man könne mit den Steinen der Cheops-Pyramide sicher eine zwei Meter hohe Mauer um ganz Frankreich herum ziehen. Und seine Schätzung war so verblüffend genau, dass man sich fragt, ob es sich nicht eher um eine nachträglich konstruierte Legende zur Verherrlichung des »Empereurs« handelt. Denn die 146 Meter hohe und 230 Meter breite Pyramide besteht aus etwa 2 Millionen Kalksteinblöcken, von denen jeder einzelne 2 Meter lang, hoch und breit ist und ungefähr 25 Tonnen wiegt. 2 Millionen mal 2 Meter ergibt eine Gesamtlänge von 4000 Kilometern, und das sind sogar knapp 200 mehr als die rund 3800 Kilometer lange französische Grenze. Wenn man bedenkt, dass die ungeheure Menge von Steinkolossen nicht nur in der Ebene bewegt, sondern auch noch kunstvoll aufeinander geschichtet werden musste, kann man die enorme Leistung beim Bau der Pyramide in etwa ermessen, der ja ohne jede maschinelle Hilfe erfolgte.

Quelle: http://www.encarta.learnetix.de

Die **3** ist seit jeher eine mythisch-göttliche Zahl

Nicht nur im Christentum, in dem die Dreifaltigkeit von Vater, Sohn und Heiligem Geist eine besondere Bedeutung hat, spielt die Zahl 3 eine besondere Rolle, sondern auch in der griechischen Mythologie: Dort teilen sich die 3 Götter Zeus, Poseidon und Hades die Herrschaft über Menschen und Gottheiten, und ihnen stehen ebenfalls 3 Göttinnen gegenüber, nämlich Demeter, Kore und Persephone. Bei den alten Ägyptern waren es Isis, Osiris und Horus, die eine ähnliche Bedeutung hatten, und in der nordischen Mythologie die 3 Nornen (Schicksalsfrauen) namens Urd (die Gewordene), Werdandi (die Werdende) und Skuld (diejenige, die werden wird), deren Entscheidungen sogar die Götter unterworfen waren.

In Mythen und Märchen hat die Zahl 3 ebenfalls eine herausragende Bedeutung: In der Regel haben die Held(inn)en genau 3 – in der Regel unlösbar scheinende – Aufgaben zu erfüllen. 3-mal muss die Königstochter Stroh zu Gold spinnen, und 3 Tage gibt ihr Rumpelstilzchen Zeit, seinen wahren Namen zu erraten. 3 Schwestern oder 3 Brüder bestreiten ihre Schicksale, wobei es nicht selten zur Begegnung mit 3-köpfigen Drachen und Schlangen kommt. 3 Schicksalsgöttinnen wie die Moiren, Parzen oder Nornen spinnen, bemessen und durchschneiden den Lebensfaden; 3 Weise ziehen aus dem Morgenland nach Bethlehem, um das göttliche Kind zu beschenken und anzubeten; 3 Prüfungen sind zu bestehen; magische Tränke bestehen aus 3 Zutaten;

und derjenige, der einer Fee begegnet, hat grundsätzlich 3 Wünsche frei.

Und wie sagt der Volksmund? »Aller guten Dinge sind drei!«

Quellen: http://www.frauenwissen.at; http://www.net-lexikon.de

Die Biologie ordnet sämtliche Lebewesen in nur 3 Gruppen ein

Die enorme Vielfalt der Lebewesen – Tiere, Pflanzen, Pilze, Bakterien etc. – wird nach der modernen biologischen Systematik in nur drei »Domänen« eingeteilt: in die Archaebakterien (bakterienähnliche Einzeller, die in heißen, oft schwefelhaltigen Quellen, Salzseen und ähnlichen unwirtlichen Lebensräumen vorkommen), die Bakterien und die so genannten Eukaryonten, deren Zellen einen echten Zellkern besitzen. Diese Eukaryonten stellen vielleicht nicht zahlenmäßig, aber allemal hinsichtlich des Artenreichtums die weitaus umfangreichste Gruppe dar, denn zu ihnen gehören die Tiere (zu denen aus biologischer Sicht auch wir Menschen zählen), die Pflanzen, die Pilze (das sind keine Pflanzen!) und die so genannten Protisten (Algen, Schleimpilze und tierische Einzeller).

Quelle: Campbell, Reece – Biologie, Heidelberg, 2003

Jeder von uns vertilgt im Leben 3 Rinder

Sicher, jeder Mensch hat andere Essgewohnheiten und Lieblingsgerichte: Im Schnitt jedoch vertilgt ein Mitteleuropäer zwischen Geburt und Tod 3 vollständige Rinder! Dazu noch 10 Schweine, 2 Kälber, 2 Schafe, mehrere 100 Hühner und 2000 Fische. Außer dieser erheblichen Menge an unterschiedlichen Tieren nimmt er 10 000 Eier, 1000 Kilo Käse, 100 Säcke Kartoffeln, 80 Säcke Mehl und Zucker, 5000 Brote, 6000 Stück Butter, 750 Kilo Margarine, einige 100 Liter Speiseöl, circa 100 Torten und Kuchen und natürlich noch eine ganze Menge anderer Nahrungsmittel zu sich.

Quelle: http://www.didaktik.mathematik.uni-wuerzburg.de

Ein Fußballspieler ist pro Spiel höchstens 3 Minuten am Ball

Exakte Auswertungen zahlreicher Fußballspiele haben ergeben, dass einige Akteure zwar deutlich öfter am Ball sind als andere, dass aber auch der Eifrigste und Meistangespielte insgesamt weniger als 3 Minuten direkten Kontakt mit dem runden Leder hat. Dafür legt der Spieler durchschnittlich 12 bis 14 Kilometer zurück, und zwar mehr als die Hälfte davon gehend, ein Drittel trabend und nicht mehr als 10 Prozent im schnellen Lauf. Gerade mal 3 bis 4 Prozent der Gesamtstrecke, also etwa 400 bis 500 Meter, ist er im Sprinttempo unterwegs.

Quelle: Eichler – Lexikon der Fußballmythen, Frankfurt, 2000

Italienische Männer weinen durchschnittlich fast 3-mal pro Monat

Heutzutage gibt es praktisch nichts mehr, was nicht wissenschaftlich untersucht wird. Da macht das Weinen keine Ausnahme. Forscher der holländischen Universität Tilburg fanden in einer internationalen Studie heraus, dass die italienischen Männer circa 2,7-mal pro Monat weinen und damit ihre Geschlechtsgenossen in anderen Ländern weit in den Schatten stellen. Am weitesten die Bulgaren, die kaum je Tränen vergießen. Die Frauenwertung führen die Belgierinnen an: Im Mittel kriegen sie jede Woche einmal das große Heulen. Und was die Uhrzeit angeht: Die meisten Tränen fließen zwischen 19 und 22 Uhr abends, und zwar am liebsten allein und im Schlafzimmer.

Quelle: http://www.atlan-club-deutschland.de

In der Antike unterschied man 4 Elemente

Begründer der so genannten »Vier-Elemente-Lehre« war im 5. Jahrhundert vor Christus der griechische Naturphilosoph Empedokles. Demnach besteht alles Sein aus den 4 Grundelementen Feuer, Wasser, Luft und Erde. Später wurden den 4 Elementen auch jeweils drei Tierkreiszeichen zugeordnet: Feuerzeichen (Widder, Löwe, Schütze); Erdzeichen (Stier, Jungfrau, Steinbock); Luftzeichen (Zwillinge, Waage, Wassermann); Wasserzeichen (Krebs, Skorpion, Fische).

Quelle: http://de.wikipedia.org

Man unterscheidet **4** *Temperamente*

Schon vor rund 2500 Jahren teilte der griechische Philosoph Aristoteles seine Mitmenschen anhand ihres Verhaltens in 4 Gruppen ein: Sanguiniker, Phlegmatiker, Melancholiker und Choleriker, wobei jeder Mensch mehr oder minder große Anteile aller vier Grundhaltungen in sich vereint.

Sanguiniker sind Frohnaturen – stets lächelnde, optimistische, extrovertierte Menschen, die gerne reden und oft ein wenig überschwänglich wirken. Dagegen sind Phlegmatiker introvertierte, standhafte Menschen, die nicht gerne aus sich herausgehen, die nichts so schnell aus der Ruhe bringt, die es friedlich lieben, lieber zuhören als reden, und die auch da noch einen kühlen Kopf bewahren, wo andere schon längst ausgerastet sind. Melancholiker sind dadurch charakterisiert, dass sie intensiv nachdenken, ehe sie handeln (und auch dann eher den Misserfolg erwarten), die Ordnung lieben und alles, was sie sich vorgenommen haben, grundsätzlich zu Ende bringen, die nicht so leicht zum Lachen zu bringen sind, sondern bei allem zuerst die Probleme sehen. Choleriker schließlich sind dynamische Menschen, die die Sterne vom Himmel holen wollen und nicht nur immer etwas suchen, sondern meist auch finden und erreichen.

Quelle: http://www.diversitytraining.at

Sämtliche Erbanlagen beruhen auf 4 Bausteinen

Die enorme Vielfalt der Erbanlagen, der gesamte Bauplan, aus dem ein Mensch, aber auch jede andere lebende Kreatur, nach der Verschmelzung einer Ei- mit einer Samenzelle entsteht, um schließlich ein komplettes und vor allem einmaliges Wesen mit sämtlichen Organen, Enzymen und Hormonen zu werden, beruht auf der Abfolge von ganzen 4 Komponenten. Dabei handelt es sich um die organischen Basen Adenin, Cytosin, Guanin und Thymin.

Ausschlaggebend für eine Erbinformation ist lediglich die Reihenfolge, mit der diese 4 Substanzen an die Nukleinsäurestränge (DNA) im Kern der Ei- beziehungsweise Samenzelle gebunden sind. Schon ein einziger Fehler, schon eine einzige Base an der falschen Stelle kann den genetischen Code derart verändern, dass das betreffende Lebewesen unter einer unheilbaren Erbkrankheit leidet.

Quelle: Schülerduden Biologie, Mannheim, 2000

In Japan und China gilt die 4 als Unglückszahl

Dass die Zahl 4 in vielen asiatischen Ländern ein derart schlechtes Image hat, liegt vermutlich daran, dass das entsprechende japanische, kantonesische oder Mandarin-Wort nahezu gleich ausgesprochen wird wie dasjenige für den Tod. Deshalb nannte die Firma Palm, einer der bedeutendsten Hersteller von »Persönlichen Digitalen Assistenten (PDAs)«, den Nachfolger ihres Erfolgsmodells »Tungsten 33« sicherheitshalber »Tungsten 55«.

Quellen: http://www.gwup.org

In einer Raumstation wird ein Mensch bis zu 4 Zentimeter größer

Die im Weltraum und natürlich auch in einer Raumstation herrschende Schwerelosigkeit sorgt dafür, dass sich die Abstände zwischen den einzelnen knöchernen Anteilen der Wirbelsäule aufgrund der fehlenden Belastung ein wenig vergrößern. Folge: Der Mensch wird größer. Bei längerem Aufenthalt im Weltraum kann das »Wachstum« bis zu 4 Zentimeter ausmachen. Nach der Rückkehr auf die Erde folgt jedoch unweigerlich die Schrumpfung auf die ursprüngliche Größe.

Quelle: Das Super-Buch der erstaunlichen Tatsachen, Stuttgart, 2001

Mit 4 Mustern kann man beliebig viele angrenzende Flächen so schraffieren, dass nirgends gleichartige Flächen aneinanderstoßen

Egal, wie viele Länder auf einer Landkarte eingezeichnet sind: 4 Muster (oder Farben) reichen aus, sie so zu markieren, dass nirgends zwei angrenzende Länder gleich schraffiert (oder gefärbt) sind. Dieser so genannte »Vier-Farben-Satz« wurde von Francis Guthrie erstmals im Jahr 1853 als Vermutung veröffentlicht,

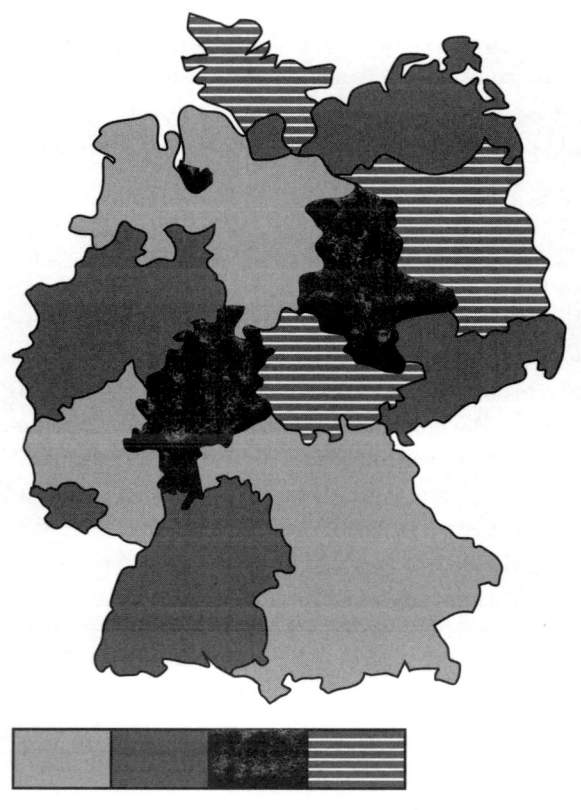

konnte allerdings lange Zeit nicht bewiesen werden.
Erst 1977 fanden Ken Appel und Wolfgang Haken einen
Beweis, indem sie die Anzahl der problematischen Fälle
von unendlich auf 1936 reduzierten und diese einen
nach dem anderen mit dem Computer überprüften.
1996 veröffentlichten Neil Robertson, Daniel Sanders,
Paul Seymour und Robin Thomas einen modifizierten

Beweis, der die Fälle auf 633 reduzierte. Doch auch diese mussten per Computer untersucht werden. Der Vier-Farben-Satz war das erste große mathematische Problem, das nur mit Computerhilfe gelöst werden konnte.
Quelle: http://www.net-lexikon.de

Ein moderner Taschenrechner hat die
4-*fache Leistung des Mondlande-Computers*
von 1969

Verglichen mit dem Computer, der 1969 den gesamten Flug der Apollo-Mannschaft zum Mond und wieder zurück steuerte und dem die Astronauten ihr Leben anvertrauten, vermag ein moderner Taschenrechner, wie man ihn überall für wenig Geld kaufen kann, in derselben Zeit mehr als die 4-fache Datenmenge zu verarbeiten. Eindrucksvoller lässt sich wohl kaum belegen, wie rasant sich die Computertechnik entwickelt hat (und immer noch weiter entwickelt).
Quellen: http://www.harry-lotric.onlinehome.de;
http://www.polak.mynetcologne.de

Am Grund tiefer Gewässer beträgt
die Wassertemperatur stets **4** *Grad Celsius*

So mancher wundert sich im Winter, dass die Fische, sofern das Gewässer nur einigermaßen tief ist, auch dann nicht erfrieren, wenn längst alle Seen mit einer dicken Eisschicht bedeckt sind. Das liegt daran, dass Gewässer von oben nach unten zufrieren und dass das dar-

21

unter befindliche Wasser eine zwar niedrige, aber zum Überleben von Fischen noch ausreichende Temperatur von 4 Grad Celsius hat. Verantwortlich dafür ist die so genannte Anomalie des Wassers: Dieses zieht sich nämlich nicht, wie fast alle anderen Stoffe, immer mehr zusammen und wird damit dichter, je kälter es ist, sondern es hat seine höchste Dichte bei genau 4 Grad Celsius und dehnt sich bei tieferen Temperaturen wieder aus – mit der Folge, dass Eis weniger wiegt und auf dem Wasser schwimmt.

Quellen: Campbell, Reece – Biologie, Heidelberg, 2003;
http://www.top-wetter.de

Die am längsten brennende Glühbirne der Welt hat eine Leistung von 4 Watt

Seit 1901 brennt im kalifornischen Livermore in einer Feuerwache Tag und Nacht eine tapfere, stromsparende Glühbirne. (Lediglich 1976, während des Umzugs der Feuerwehr in neue Räumlichkeiten, wurde sie kurzfristig vom Strom getrennt.) Das große Erdbeben von San Francisco im Jahr 1906 überstand sie ebenso unbeschadet wie die Energiekrisen der letzten Jahrzehnte. Da sie an das Notstromaggregat der Feuerwehr angeschlossen ist, konnten ihr nicht einmal diverse Stromausfälle etwas anhaben, sodass sie im Juni 2001 in alter Frische ihren 100. Geburtstag feiern konnte. Mittlerweile ist die nur 4 Watt leistende, mundgeblasene »Centennial Bulb« der Herstellerfirma Shelby Electric Company derart berühmt, dass ihr bernsteingelbes

Licht Massen von Besuchern aus aller Welt nach Livermore lockt. Eine Webkamera ist auf die Touristenattraktion gerichtet und liefert als Beweis ihrer Ausdauer alle 30 Sekunden ein Bild der brennenden Glühbirne in alle Welt.

Quellen: http://www.centennialbulb.org; http://mypage.bluewin.ch

Oscar-Preisträger leben 4 Jahre länger

Schauspieler, die den begehrten Oscar gewonnen haben, erfreuen sich nach Erkenntnissen eines amerikanisch-kanadischen Forscherteams durchschnittlich 4 Jahre länger ihres irdischen Daseins als ihre Kollegen, denen diese Ehre nicht zuteil wurde. Und wer die vergoldete Statuette – wie Meryl Streep oder Tom Hanks – mehrfach gewonnen hat, kann sogar mit einem rund 6 Jahre längeren Leben rechnen.

Als Hauptgrund nennen die Wissenschaftler in der amerikanischen Fachzeitschrift »Annals of Internal Medicine« das »tiefe Gefühl von innerem Frieden und Vollendung«, womit sie eine Vielzahl anderer Studien stützen, die ebenfalls einen unmittelbaren Zusammenhang zwischen seelischer Zufriedenheit und Lebenserwartung postuliert haben.

Quelle: http://www.rhein-zeitung.de

*Es gibt nur **5** platonische Körper*

Unter »platonischen Körpern« versteht der Mathematiker regelmäßige räumliche Gebilde, deren Oberflächen aus gleich großen, gleichseitigen und gleichwinkligen Vielecken bestehen und in deren Ecken immer gleich viele Flächen aneinander stoßen. Am bekanntesten ist davon der Würfel, der von 6 Quadraten begrenzt wird, von denen sich in jeder Ecke drei berühren.

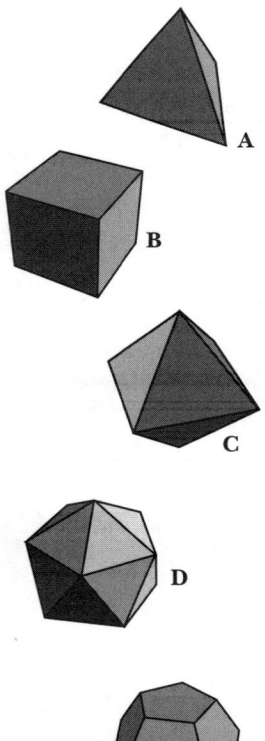

Insgesamt gibt es von diesen Körpern nur ganze 5: das Tetraeder (**A**) aus 4 gleichseitigen Dreiecken, besagten Würfel (**B**) aus 6 Quadraten, das Oktaeder (**C**) aus 8 und das Ikosaeder (**D**) aus 20 gleichseitigen Dreiecken sowie das Dodekaeder (**E**), das aus 12 regelmäßigen Fünfecken zusammengesetzt ist und damit einem Tippkick-Ball gleicht. Für mathematisch Interessierte sei angemerkt, dass es nicht mehr als diese 5 vollkommen symmetrischen Polyeder geben kann, da eine Ecke im Raum mindestens 3 Flächen verlangt und deren Winkelsumme in den Ecken des Körpers nicht größer oder gleich 360 Grad sein darf, was übrigens von Euklid bewiesen wurde.

Quelle: http://www.wissenschaft-online.de

Der Islam kennt 5 Säulen des Glaubens

Im Koran sind 5 gottgewollte Verhaltensweisen niedergelegt, die ein Moslem zu beachten hat: das Bekenntnis zu Allah und zu Mohammed, seinem Sohn (Schahada); das fünfmal am Tag zu absolvierende Gebet (Salat); das Fasten (jeweils von Sonnenaufgang bis Sonnenuntergang) im Monat Ramadan (Saum); das Geben von Almosen (Zakat), und schließlich einmal im Leben eine Wallfahrt nach Mekka (Hadschdsch).

Quellen: Duden – 100 000 Tatsachen, Mannheim, 2001; http://www.idhn.de

Der Mensch kann nur 5 Geschmacksempfindungen unterscheiden

Die Vielfalt dessen, was wir schmecken, setzt sich aus ganzen 5 Grundgeschmacksqualitäten zusammen, für die wir auf der Zunge jeweils eigene Rezeptoren besitzen: aus süß, sauer, salzig, bitter und einem Geschmack, den man »umami« (japanisch: Wohlgeschmack) nennt und der vor allem in eiweißreicher Nahrung wie beispielsweise Milch, Käse, Fleisch oder Sojabohnen vorkommt. All die vielfältigen Geschmacksempfindungen, die wir beim Essen und Trinken als delikat, aber gelegentlich auch als abstoßend empfinden, sind nichts anderes als Mischungen dieser 5 Grundeigenschaften.

Quelle: http://www.infoquelle.de

Der Sommer dauert fast **5** *Tage länger als der Winter*

Auch wenn die vier Jahreszeiten jeweils rund ein Vierteljahr währen, sind sie keinesfalls exakt gleich lang. Die längste ist auf der Nordhalbkugel erfreulicherweise der Sommer, der gemäß astronomischem Kalender genau 93 Tage und 16 Stunden anhält. Fast einen ganzen Tag kürzer ist der ebenfalls durchaus angenehme Frühling mit 92 Tagen und 19 Stunden. Erst auf den Plätzen drei und vier folgen dann die eher düsteren Jahreszeiten Herbst (89 Tage, 20 Stunden) und Winter (88 Tage, 23 Stunden). Dass unser Sommerhalbjahr knapp 5 Tage länger ist als die Winterperiode (bei den Australiern und Südamerikanern ist es umgekehrt), liegt daran, dass die Erde auf ihrer Bahn um die Sonne im Winter ein wenig schneller läuft als im Sommer.

Quelle: http://www.erdkunde-online.de

Das Wort »Punsch« bedeutet **5**

Die Bezeichnung für das besonders an kalten Wintertagen höchst beliebte Getränk leitet sich von dem Hindi-Wort »panch« ab, das schlicht »Fünf« bedeutet. Gemeint sind die 5 Zutaten: Arrak, Zucker, Zitronensaft, Gewürze und Wasser. Tatsächlich stammt der Ur-Punsch aus Indien, wo er seit mehreren hundert Jahren getrunken wird. Von dort brachten englische Soldaten das Rezept in britische Hafenkneipen mit, wo sich mit der Zeit heiß getrunkene Variationen auf der Basis von Tee entwickelten.

Quelle: http://www.gfra.de

Das Geschoss einer Jagdwaffe fliegt
bis zu **5** *Kilometer weit*

Schießt ein Jäger mit seinem Gewehr unter einem Winkel von etwas mehr als 30 Grad schräg in die Luft, so fliegt das abgefeuerte Geschoss bis zu 5 Kilometer weit und kann beim Auftreffen erhebliches Unheil anrichten. Dieser Tatsache muss sich jeder Jäger bewusst sein; deshalb darf er grundsätzlich nur schießen, wenn ein geeigneter Kugelfang vorhanden ist, das heißt, wenn das Geschoss im Fall des Nichttreffens oder nachdem es das Wild durchschlagen hat, mit absoluter Sicherheit im Boden oder einem Erdhügel stecken bleibt.

Quelle: Blase – Die Jägerprüfung, Wiesbaden, 2001

Eine Glühbirne setzt
nur **5** *Prozent*
der elektrischen Energie in Licht um

Gerade einmal 5 Prozent der zugeführten Stromenergie verbraucht eine herkömmliche Glühbirne zu ihrem eigentlichen Zweck, nämlich zur Erzeugung von Helligkeit. Die restlichen 95 Prozent setzt sie in Wärme um, das heißt, sie wird sehr heiß, was in der Regel jedoch niemandem nützt. Besser sieht es da schon mit einer Energiesparlampe aus, die immerhin 25 Prozent der verbrauchten Energie zur Lichtproduktion verwendet. Doch das ist alles nichts gegen die Ausbeute beziehungsweise den Wirkungsgrad eines Glühwürmchens: Sage und schreibe 96 Prozent der frei werdenden Energie setzt so ein winziges Tierchen in sichtbares Licht um und lockt damit in lauen Sommernächten einen begattungswilligen Partner herbei.

Quellen: Cornelsen – Biologie Oberstufe, Berlin, 2001; http://de.wikipedia.org

Der Mount Everest wird jedes Jahr 5 Millimeter höher

Mit 8851 Metern über dem Meeresspiegel ist der Mount Everest bekanntermaßen der höchste Berg der Erde. Doch seine Höhe nimmt sogar noch ständig zu. Zwar nur um 5 Millimeter pro Jahr, aber immerhin. Der Grund liegt in der – jährlich etwa 2 Zentimeter betragenden – Verschiebung der indischen Landplatte nach Norden, wodurch der Himalaya gewissermaßen zusammengedrückt wird. Wer den Mount Everest besteigen will, sollte sich also beeilen – die Luft wird da oben immer dünner!

Quelle: http://www.w-akte.de

Ein am Boden stehender Mensch kann nur knapp 5 Kilometer weit sehen

Natürlich hängt die Sichtweite von den herrschenden klimatischen Bedingungen ab: Bei Nebel ist sie extrem gering, nach dem Durchgang einer Kaltfront dagegen besonders groß. Doch unabhängig davon kann ein 1,70 Meter großer Mensch, der auf einer Ebene, beispielsweise am Strand, steht, nur 4,65 Kilometer weit sehen. Der Grund liegt in der Erdkrümmung, die einen

Horizont – die Linie, an der sich Erdoberfläche und Luft scheinbar berühren – entstehen lässt. Je höher der Standort eines Beobachters ist, desto weiter entfernt sich der Horizont. Im 30 Meter hohen Mastkorb eines Schiffes ist er schon knapp 20, auf dem höchsten Kirchturm der Welt, dem Ulmer Münster, sogar 45 und auf dem 4807 Meter hohen Montblanc fast 250 Kilometer weit entfernt.

Quelle: http://www.polak.mynetcologne.de

Der Rekord in der Länge der Haare *liegt bei* **6** *Metern*

Die längsten Kopfhaare der Welt besitzt ein Vietnamese: Mit 6 Metern hält der Endsechziger Tran Van Hay, der sich nach eigenen Angaben seit mehr als 30 Jahren nicht mehr die Haare geschnitten hat, den aktuellen Weltrekord. Wenn er unterwegs ist, rafft er die gewaltige Mähne zusammen und legt sie sich über die Schulter. Allerdings gab es in der Geschichte durchaus schon Menschen mit noch längeren Haaren: Die absolute Bestmarke erreichte wohl der Inder Swami Pandarasandhi, dessen Kopfhaar glaubwürdigen Berichten zufolge im Jahr 1949 die unvorstellbare Länge von 7,93 Metern erreicht haben soll.

Quelle: http://www.haarweb.de

6 *Gefühle sind universell verständlich*

Jede Gesellschaft, jede Kultur verwendet ihre eigenen Zeichen, um Gefühle auszudrücken. Nur bei 6 Empfindungen ist die Mimik weltweit gleich: bei Freude, Überraschung, Furcht, Ekel, Trauer und Wut. Einige Verhaltensforscher rechnen noch die Verachtung als siebte Regung dazu, die den Menschen überall auf der Welt so deutlich ins Gesicht geschrieben ist, dass sie von jedem anderen mühelos verstanden wird.

Quellen: Dr. Ankowitschs Kleines Konversationslexikon, Frankfurt, 2004; http://www.uni-bielefeld.de

Wut

Angst

Freude

Erstaunen

Traurigkeit

Ekel

*Ein Blitz ist **6**-mal heißer als die Sonne*

Mit bis zu 10 Milliarden Kilowatt – das ist die 7000-fache Leistung eines Kernkraftwerks – setzt ein Blitz eine unvorstellbar hohe Energie frei, die allerdings nur wenige Millionstel Sekunden anhält. Dadurch wird die Luft in dem nur einige Zentimeter breiten Blitzkanal schlagartig auf etwa 30 000 Grad erhitzt – die 6-fache Temperatur der Sonnenoberfläche. Sie dehnt sich dadurch explosionsartig aus, und die so erzeugte Druckwelle hören wir als Donner.

Quelle: http://www.swr.de

*20-jährige Südkoreaner sind durchschnittlich **6** Zentimeter größer als ihre nordkoreanischen Altersgenossen*

Die Größe eines Menschen hängt nicht nur von den genetischen Anlagen ab, sondern auch von den Bedingungen, unter denen er aufgewachsen ist. Insofern ist die durchschnittliche Körpergröße der Einwohner eines Landes ein verlässlicher Indikator für die Versorgung. Beleg: Die Nordkoreaner, die seit 1950 Untertanen eines Hungersozialismus sind, verharren seither bei einer Durchschnittsgröße von 1,59 Meter und sind damit um 6 Zentimeter kleiner als ihre südkoreanischen Altersgenossen.

Quelle: www.spiegel.de

Amerika und Russland sind
nur **6** *Kilometer voneinander entfernt*

Zwischen Alaska, dem nördlichsten amerikanischen Bundesstaat, und Russland verläuft die Bering-Straße. In ihr liegen die zu Alaska gehörenden Diomede-Inseln, von deren Küste aus es zum russischen Festland nur noch ganze 5,8 Kilometer sind. Kein Wunder, dass sich auf diesem unwirtlichen Fleckchen Erde ein amerikanischer Außenposten befindet, von dem aus US-Soldaten zu Zeiten des Kalten Krieges rund um die Uhr misstrauisch ins eng benachbarte Russland hinüberspähten.

Quelle: http://www.welt.de

Die **7** *ist eine heilige Zahl*

Der Zahl 7 kommt in vielen Religionen eine ganz besondere Bedeutung zu. Fleißige Menschen haben gezählt, dass sie in der Bibel rund 400-mal auftaucht: Es gibt 7 Todsünden, 7 Tugenden, 7 Bitten im Vaterunser; Jesus sprach am Kreuz 7 Worte, und die Schöpfung dauerte 7 Tage. Es wird von 7 Briefen an 7 Gemeinden berichtet, von 7 Geistern, 7 Fackeln, 7 Sternen, 7 Engeln, dem Buch mit 7 Siegeln, von 7 Augen, 7 Posaunen, 7 Donnern, vom Drachen mit 7 Köpfen, 7 Kronen, 7 Schalen, 7 Bergen, 7 Königen; und nicht zuletzt umrundeten 7 Priester an 7 Tagen mit der Bundeslade die Stadt Jericho, ehe das Blasen von 7 Posaunen die Stadtmauern zusammenstürzen ließ.

Doch nicht nur bei den Christen, sondern auch bei den Moslems ist die 7 eine mystische Zahl: So operiert der Koran mit 7 Prinzipien, die Pilger schreiten 7-mal um die Kaaba, sie laufen 7-mal zwischen den beiden Hügeln der Moschee hin und her, und jeder wirft 7 Steine auf drei Säulen, die den Satan symbolisieren.

Quelle: http://www.polak.mynetcologne.de

Angeblich gibt es 7 Weltmeere

Oft hört und liest man von den »7 Weltmeeren«, doch die Frage, welche Gewässer damit gemeint sind, kann wahrscheinlich kaum jemand auf Anhieb beantworten. Der Ausdruck stammt von Rudyard Kipling, dem Autor des »Dschungelbuchs«. Er veröffentlichte im Jahr 1896 einen Gedichtband mit dem Titel »The Seven Seas« und zählte darin folgende 7 »Weltmeere« auf: das Nördliche und das Südliche Eismeer, den Nord- und den Südatlantik, den Nord- und den Südpazifik sowie den Indischen Ozean.

Quelle: http://www.net-lexikon.de

Die 7 Wochentage entsprechen den 7 Planeten des Altertums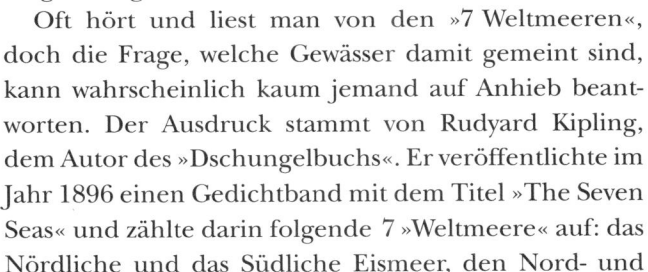

Im Altertum bezeichnete man folgende 7 Himmelskörper als Planeten: Sonne, Mond, Mars, Merkur, Jupiter, Venus und Saturn. Dem entsprachen die 7 Wochentage, wobei der Zusammenhang im Deutschen nur noch bei Sonn- und Mon(d)tag deutlich wird. Nimmt man aber beispielsweise die italienischen Namen der Wochentage, so erkennt man sehr deutlich, dass die

Planeten Namensgeber waren: Lunedì (luna = Mond), Martedì (marte = Mars), Mercoledì (mercurio = Merkur), Giovedì (giove = Jupiter), Venerdì (venere = Venus).

Quelle: http://www.sungaya.de

Am Rücken können wir Nadelstiche nur getrennt wahrnehmen, wenn sie mindestens 7 Zentimeter voneinander entfernt sind

Die für die Tastempfindung verantwortlichen Druckpunkte finden sich in den diversen Hautbereichen in höchst unterschiedlicher Dichte. Das feinste Tastgefühl haben wir an der Zungenspitze, wo zwei von dünnen Nadeln hervorgerufene Reize auch dann noch örtlich getrennt empfunden werden, wenn die Berührungspunkte nur einen einzigen Millimeter auseinander liegen. An den Fingerspitzen müssen die Reizorte schon 2 Millimeter und an den Lippen 4 Millimeter Abstand voneinander haben, um separat wahrgenommen zu werden. Am Rücken und an den Oberschenkeln steigt dieser Wert gar auf circa eine Daumenlänge.

Quelle: Brater – Lexikon der rätselhaften Körpervorgänge, Frankfurt, 2002

Ein Regenbogen besitzt nur 7 unterscheidbare Farben

So farbenprächtig ein Regenbogen vor dunklem Himmel auch erscheinen mag – er weist doch nur 7 für uns Menschen unterscheidbare Farben auf, nämlich

Rot, Orange, Gelb, Grün, Blau, Indigo und Violett. Wer's nicht glaubt, möge beim nächsten Regenbogen einmal genau nachzählen.

Quelle: http://www.w-akten.de

In der Antike gab es **7** Weltwunder

Im 3. Jahrhundert vor Christus erstellte man eine Liste der 7 eindrucksvollsten technischen Höchstleistungen der Welt rings um die Ägäis. Diese Liste enthielt ein ägyptisches, zwei babylonische und vier griechische Weltwunder:

1. die Pyramiden von Gizeh
2. den Leuchtturm von Pharos bei Alexandria
3. die hängenden Gärten der Semiramis in Babylon
4. die Zeus-Statue des Phidias in Olympia
5. den Artemis-Tempel in Ephesos
6. das Mausoleum zu Halikarnassos
7. den Koloss von Rhodos, eine Statue, die die Hafeneinfahrt der Inselhauptstadt überwölbte.

Quellen: http://www.raetsel-der-menschheit.de;
http://www.seven-wonders.de

Rom wurde auf **7** Hügeln erbaut

Die berühmten 7 Hügel, auf denen die Stadt Rom erbaut wurde, sind: Aventin, Capitol, Esquilin, Palatin, Quirinal, Viminalis und Caelius. Später kamen die sabinischen Hügeldörfer hinzu. Der Sage nach war es

Romulus, der die Stadt im April 753 vor Christus gründete. Das Datum ist deshalb von besonderer Bedeutung, weil es den Beginn der Zeitskala des römischen Kalenders darstellt.

Quellen: http://de.wikipedia.org; http://www.sungaya.de

Man kann kein Blatt Papier häufiger als 7-mal auf die Hälfte falten

Egal, wie groß und wie dünn ein Papierblatt ist – durch jedes mittige Falten wird es doppelt so dick wie vorher. Nach 7 Malen ist in jedem Fall Schluss, weil die Ränder dann so dick geworden sind, dass eine weitere Faltung ohne Zerstörung des Blattes nicht mehr möglich ist.

Quellen: http://home.t-online.de;
http://www.atlan-club-deutschland.de

Etwas total Unverständliches ist ein »Buch mit 7 Siegeln«

Nach der Bibel – für viele das bekannteste Buch dieser Art – versteht man unter einem Buch mit 7 Siegeln ein Schriftstück, das unzugänglich ist. In der Offenbarung des Johannes (Kap. 5, Vers 1) findet der Seher eine Buchrolle mit 7 Siegeln verschlossen vor und weint vor Enttäuschung, weil ihm der Inhalt verborgen bleibt. Doch dann werden nach und nach die Siegel geöffnet und damit die Ereignisse enthüllt, die der Endzeit vorausgehen sollen. Seither wird ein unverständliches

Thema oder Schriftstück, etwa das Formular für die Steuererklärung, als »Buch mit 7 Siegeln« bezeichnet.

Quelle: http://www.mdr.de

Regnet es an Siebenschläfer, *dann regnet es 7 Wochen lang*

Der 27. Juni ist in Deutschland allgemein als »Siebenschläfer-Tag« bekannt, eine Bezeichnung, zu der folgende Wetterregel gehört: »Ist der Siebenschläfer nass, regnet's ohne Unterlass«. Die Siebenschläfer, von denen in dem Spruch die Rede ist, waren der Legende zufolge 7 Brüder, die als Christen verfolgt wurden, sich in einer Höhle versteckten – und im Grunde mit dem Wetter überhaupt nichts zu tun hatten.

Die nach ihnen benannte Wetterregel beruht auf der Tatsache, dass Mitteleuropa Ende Juni häufig im Einflussbereich zweier Luftmassen – polarer Kaltluft im Norden und tropischer Warmluft im Süden – liegt. Der Verlauf dieser Fronten hat tatsächlich Einfluss darauf, ob in der Folgezeit Azorenhochs sonniges Wetter oder Islandtiefs Kälte und Regen bringen. Die Siebenschläfer-Regel ist mitnichten purer Aberglaube, sondern stimmt mit erstaunlicher Genauigkeit: In 80 Prozent der Sommer trifft sie für Süddeutschland und in zwei Drittel der Jahre auch für Norddeutschland zu und ist damit eine der zuverlässigsten Bauernregeln überhaupt.

Quellen: http://www.sungaya.de; http://www.discovery.de

Vor Joseph Ratzinger kamen nur **7** Päpste aus Deutschland

Vor Papst Benedikt XVI. gab es 265 Päpste, doch nur ganze 7 davon waren deutscher Abstammung: Gregor V. (996–999), Clemens II. (1046–1047), Damasus II. (1048), Leo IX. (1049–1054), Victor II. (1055–1057), Stephan IX. (1057–1058) und Hadrian VI. (1522–1523). Seit Anfang des 16. Jahrhunderts hat es keinen deutschen Papst mehr gegeben. Mit weitem Abstand Spitzenreiter ist Italien mit 233, gefolgt von Frankreich mit 18 und Griechenland mit 15 Heiligen Vätern.

Quelle: http://www.vaticanhistory.de

Die Apfelschale enthält **7**-mal so viel Vitamin C wie das Fruchtfleisch

Alle Äpfel enthalten Vitamin C: relativ wenig die Sorte »Golden Delicious«, erheblich mehr »Boskop« und »Rubinette«. Doch unabhängig von der Gesamtmenge sitzt der Großteil des Vitamins nicht im Fruchtfleisch, sondern direkt unter und vor allem innerhalb der Schale. Wer einen Apfel vor dem Verzehr schält, wirft 7-mal so viel Vitamin C weg, wie er mit dem Fruchtfleisch zu sich nimmt.

Quellen: http://www.w-akten.de;
http://www.aepfel-aus-frankreich.de

Mit Lichtgeschwindigkeit könnte man die Erde in einer einzigen Sekunde 7-mal umrunden

Mit rund 300 000 (genau 299 792,458) Kilometer pro Sekunde breitet sich das Licht unvorstellbar schnell aus. Umgerechnet in eine geläufigere Einheit ergibt das eine Geschwindigkeit von 1 079 252 849 Stundenkilometern, was mehr als 27 000-mal so schnell ist wie das höchste jemals von Menschen erreichte Tempo. Dieses wurde mit der Apollo-10-Rakete erreicht und betrug immerhin fast 40 000 Stundenkilometer. Wie ungeheuer schnell das Licht ist, kann man sich in etwa vorstellen, wenn man weiß, dass es die Erde am Äquator, ihrer dicksten Stelle, in einer einzigen Sekunde 7-mal umrunden könnte.

Quelle: Ash – Unvergleichliche Vergleiche, München, 1997

Nur 8 Menschen überlebten laut Bibel die Sintflut

Die Angabe stammt aus dem 2. Brief des Petrus, Kapitel 2, Vers 5: Demnach haben nur die 8 Angehörigen von Noahs Familie, die sich auf der Arche befanden, die Sintflut überlebt: er selbst, seine Frau, seine drei Söhne Sem, Ham und Jafet und deren Frauen.

Quelle: http://www.landschaftstempel.de

*Nur **8** Prozent der menschlichen Exkremente stammen aus fester Nahrung*

Das, was wir als Stuhlgang ausscheiden, besteht zum größten Teil – nämlich etwa zu 70 Prozent – aus Wasser. Der Rest besteht zur Hälfte aus Bakterien, 7 bis 8 Prozent sind abgeschilferte Darmwandzellen, und der klägliche Rest – also gerade mal 7 bis 8 Prozent – entfällt auf die unverdaulichen Reste fester Nahrung.

Quelle: Bauer – Humanbiologie, Berlin, 2000

 *Es gibt ein deutsches Wort mit **8** aufeinander folgenden Konsonanten*

Das Wort »Angstschweiß« weist zwischen den Vokalen A und E tatsächlich 8 Konsonanten in Folge auf und dürfte damit innerhalb des deutschen Wortschatzes Rekordhalter sein.

Quelle: http://www.polak.mynetcologne.de

*Das schnellste Tor in einem Fußball-Länderspiel fiel nach **8** Sekunden*

Es war das – an sich schon sensationelle – 1 : 0 des Fußballzwergs San Marino gegen England während der Weltmeisterschafts-Qualifikation 1993, geschossen von Davide Gualtieri. Allerdings nutzte es den wackeren San-Marino-Akteuren nichts, denn am Ende verloren sie die Partie doch deutlich mit 1 : 7.

Quelle: Eichler – Lexikon der Fußballmythen, Frankfurt, 2000

Ehepartner sprechen täglich nur **9** Minuten miteinander

Mehrere Untersuchungen, die unabhängig voneinander durchgeführt wurden, haben eine erschreckende Tatsache ans Licht gebracht: Im Durchschnitt unterhalten sich Mann und Frau pro Tag nicht länger als 9 Minuten miteinander. Eine amerikanische Studie kommt sogar zu dem noch drastischeren Wert von nur 4 Minuten. Doch ob 4 oder 9 Minuten – fest steht, dass es mit der Kommunikation unter Ehepartner vielfach nicht zum Besten steht.

Quellen: http://www.dialogprojekt.de; http://www.familienmitchristus.de

Die Stadt Troja wurde **9**-mal gebaut

Die Stadt Troja – sie liegt auf einem Hügel, dessen älteste Siedlungsspuren bis ins 4. Jahrtausend vor Christus zurückreichen – wurde 1868 von dem deutschen Altertumsforscher Heinrich Schliemann entdeckt. Dabei stellte man fest, dass es nicht nur ein Troja, sondern 9 verschiedene gibt, von denen eines auf das andere gebaut wurde. Das unterste und damit älteste existierte vor etwa 4850 Jahren. Die Goldschätze, auf die Schliemann stieß, stammen jedoch aus Troja II, das um 2500 vor Christus durch Brände zerstört wurde. Die Stadt, die man von Homer kennt, war Troja VII, das um 1000 vor Christus niederbrannte. Die letzte Stadt auf dem Hügel war Troja IX, die dort bis 500 nach Christus stand.

Quelle: http://www.abendblatt.de

Die Haut eines Menschen wiegt **10** Kilo

Die Haut, die unseren Körper umhüllt, ihn schützt, ihn wärmt und zugleich Sitz des Tast- und Berührungssinnes ist, gilt als unser größtes Organ. Und das stimmt verblüffenderweise auch, was ihr Gewicht angeht: Sage und schreibe 10 Kilo wiegt die Haut eines Erwachsenen im Durchschnitt. Mit 15 Prozent ist sie am Gesamtkörpergewicht mehr beteiligt als sämtliche Knochen zusammengenommen, die es nur auf rund 12 Prozent und damit durchschnittlich auf etwa 8 Kilo bringen. Zwar ist die Haut nur 7 bis 9 Millimeter dick, weist aber die beachtliche Gesamtfläche von rund 2 Quadratmetern auf.

Quelle: Bauer – Humanbiologie, Berlin, 2000

Die Spermien eines einzigen Samenergusses sind, hintereinander gereiht, **10** Kilometer lang

Zwar misst ein einziges Spermium nur rund 5 Hundertstel Millimeter, doch in einem einzigen Samenerguss befinden sich davon durchschnittlich 200 Millionen. Und 200 Millionen mal 5 Hundertstel Millimeter ergibt 10 Kilometer! Würde jedes Spermium seinen Vordermann wie ein Elefant den anderen am Schwanz fassen, so wäre ein normaler Wanderer 2 Stunden unterwegs, bis er die Schlange abgeschritten hätte.

Quelle: Brater – Lexikon der Sexirrtümer, Frankfurt, 2003

Ägypten wurde von **10** Plagen heimgesucht

Im 2. Buch Mose kann man lesen, dass Gott vom ägyptischen Pharao verlangt, die Israeliten ziehen zu lassen, damit sie ihm dienen können. Als der Pharao ablehnt, schickt Gott 10 Plagen, wie sie Ägypten in diesem Ausmaß und vor allem mit Ankündigung noch nie erlebt hat:

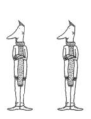

1. Verwandlung aller Gewässer in Blut
2. Froschplage
3. Stechmückenplage
4. Bremsenplage
5. Heuschreckenplage
6. Viehseuchen
7. Blattern (Geschwüre)
8. Hagel
9. undurchdringliche Finsternis
10. Tod der Erstgeborenen von Mensch und Tier

Diese 10 ägyptischen Plagen sind im biblisch geprägten Teil der Welt später sprichwörtlich geworden für extremes, lang währendes Unglück.

Quellen: Duden – 100 000 Tatsachen, Mannheim, 2001; http://www.glauben-und-bekennen.de

Knapp **11** Prozent der Deutschen heißen Müller

Mehr als jeder zehnte Bundesbürger hört auf den guten alten Namen Müller.

Der Name geht auf die Wassermüller (lateinisch: »molinarius«) zurück. Und wie man sich denken kann, gibt es diesen Familiennamen in allen Sprachen der Brot backenden Welt: Molinari, Meunier, Molnar, Mielnik und so weiter.

Allerdings ist Müller ebenso wenig wie der englische Name Smith, auf den immerhin rund 800 000 Menschen hören, der häufigste der Welt. Diesen Rekord hält der chinesische Familienname Tschang. Schätzungsweise 100 Millionen Menschen fühlen sich gemeint, wenn sie ihn hören.

Quelle: http://www.erdkunde-online.de

Im ISBN-Zahlensystem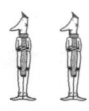
spielt die **11**
eine bedeutende Rolle

Viele kennen die zehnstellige Zahl auf Büchern, die ISBN (Internationale Standard-Buch-Nummer), mit deren Hilfe sich jedes Buch eindeutig identifizieren lässt. Und mancher weiß auch, dass die erste Zahl für das Land steht, in dem das Buch veröffentlich wird (3 = Deutschland) und die folgende vierstellige für den Verlag (8218 = Eichborn). Doch kaum jemand weiß, welche bedeutende Rolle die Zahl 11 in diesem System spielt. Jede ISBN besteht nämlich aus 10 Ziffern, für die Folgendes gilt: Multipliziert man die erste Ziffer mit 10, die zweite mit 9, die dritte mit 8 und so weiter und addiert sämtliche Ergebnisse, so ist das Endresultat immer durch 11 teilbar. Das ist ein kleiner, aber feiner Trick, anhand dessen ein Computer, der auf die Eingabe von ISBN programmiert ist, sofort feststellt, ob die eingetippte Zahl stimmen kann. Sie können es ja mit der ISBN dieses Buchs einmal durchspielen (das X steht für 10): 3-8218-4888-X.

Quelle: Hartston – Das Lexikon der Zahlen, München, 1999

Um unsterblich zu werden, musste Herkules **12** *Aufgaben bewältigen*

Vom Delphischen Orakel erhielt Herkules den Auftrag, 12 schwierige Arbeiten zu verrichten. Wenn ihm alle gelängen, würde er unsterblich sein. Und tatsächlich bestand Herkules den Dodekathlos = Zwölfkampf mit Bravour. Im Einzelnen waren dies:

1. das Erlegen des nemeischen Löwen
2. der Kampf mit der neunköpfigen Schlange Hydra von Lerna
3. das Einfangen der windschnellen keryneischen Hirschkuh
4. das Einfangen des erymanthischen Ebers
5. der Kampf mit den stymphalischen Vögeln
6. die Reinigung der Ställe des Augias
7. das Einfangen des kretischen Stieres Minotauros
8. das Erringen der menschenfressenden Rosse des Diomedes
9. das Erbeuten des Gürtels der Amazonenkönigin Hippolyte
10. das Erbeuten der Rinder des Geryones
11. das Erringen der goldenen Äpfel der Hesperiden
12. die Entführung des Unterwelthundes Zerberus

Quelle: http://www.historisch.org

Eine einzige Buche erzeugt pro Tag **12** Kilo Zucker

An einem sonnigen Tag produziert eine 100- bis 120-jährige Buche mit ihren 600 000 Blättern, die zusammengenommen eine Fläche von rund 1200 Quadratmeter bedecken, durch Fotosynthese, das heißt durch Bildung von Traubenzucker und Sauerstoff aus Licht, Kohlendioxid und Wasser, etwa 9 Kubikmeter (!) Sauerstoff. Da Luft zu 21 Prozent aus Sauerstoff besteht, regeneriert sie damit circa 45 Kubikmeter Luft. Das entspricht dem Tagesbedarf von 9 bis 10 Menschen. Doch was vielleicht das Verblüffendste ist: Die Buche erzeugt dabei 12 Kilo Zucker!

Quellen: Duden – Basiswissen Schule – Biologie, Berlin, Mannheim, 2001; http://www.waldhang.de

Die menschliche Leber ist **12**-mal so schwer wie eine Niere

Fragt man Laien, wie groß oder schwer die Leber eines Menschen ist, so erhält man fast immer Antworten, die den Umfang dieses Organs erheblich unterschätzen. Dagegen haben die meisten Menschen von Größe und Gewicht einer Niere eher übertriebene Vorstellungen. Tatsächlich ist eine Niere nur 10 bis 12 Zentimeter lang und etwa 5 bis 6 Zentimeter breit. Ihr Gewicht beträgt rund 150 Gramm. Dagegen ist die Leber etwa 30 Zentimeter lang, 20 Zentimeter breit, 7 Zentimeter dick und wiegt circa 1800 Gramm.

Quellen: http://www.mta-labor.info; http://susi.e-technik.uni-ulm.de

Die Haare eines Mannes könnten zusammengeflochten **12** Tonnen tragen

Rund 100 000 Haare sprießen auf dem Kopf eines Mannes. Würde man sie hintereinander legen, so wüchsen sie jede Stunde um sage und schreibe 1,5 Meter. Noch bemerkenswerter aber ist das Gewicht, das sie – zu einem Strang vereinigt – tragen könnten: Da jedes einzelne mit etwa 120 Gramm belastbar ist, bevor es reißt, könnte man mit einem aus sämtlichen Haaren geflochtenen Seil die enorme Last von 12 Tonnen – also 10 Autos – hochheben.

Quelle: http://www.alpecin.de

Bislang haben **12** Menschen den Mond betreten

Dass die Mondlandefähre Apollo 11 im Juli 1969 unseren Erdtrabanten erreichte, wo Neil Armstrong den legendären Satz »Ein kleiner Schritt für einen Menschen, ein Riesenschritt für die Menschheit« sprach, ist allgemein bekannt. Und auch, dass mit ihm Edwin Aldrin den Mond betrat. Dagegen sind die Namen der anderen 10 Astronauten, die in der Folge ihren Fuß auf unser Nachbargestirn setzten, weitgehend in Vergessenheit geraten: Im November 1969 waren das Charles Conrad Jr. und Alan Bean mit Apollo 12; im Februar 1971 Alan Shepard Jr. und Edgar Mitchell mit Apollo 14; im August 1971 David Scott und James Irwin mit Apollo 15; im April 1972 John Young und Charles Duke Jr. mit Apollo 16 und im Dezember 1972 schließlich Eugene Cernan und Harrison Schmitt mit Apollo 17. Nach diesen 12 Amerikanern, die insgesamt rund 385 Kilo Gestein zur Erde mitbrachten, wurde der Mond bislang nie wieder von Menschen in seiner Ruhe gestört.

Quellen: http://www.astronews.com;
http://astronomie-sonnensystem.de

Das hawaiische Alphabet besteht nur aus **12** Buchstaben

Ursprünglich waren bei den Bewohnern Hawaiis Schriftzeichen gänzlich unbekannt. Erst lange nach der Entdeckung der Inseln durch James Cook im Jahr 1779 etablierte sich so etwas wie eine Schrift und damit ein Alphabet. Dieses besteht allerdings nur aus ganzen 12 Buchstaben: den 5 Vokalen sowie den Konsonanten H, K, L, M, N, P und W. Ausgesprochen werden die Vokale wie im Deutschen, Italienischen oder Lateinischen und – obwohl Hawaii zu den USA gehört – nicht etwa wie im Englischen. Eine Prinzessin heißt daher Like-like, nicht »Leik-leik«. Allerdings kennt die hawaiische Sprache keine Doppelvokale, das heißt, jeder Vokal wird gesondert ausgesprochen: Ka-u-a-i, Ni-i-ha-u, Hi-i-aka, A-iwo-hi-kupu-a oder Hawa-i-i. Und jede Silbe endet – ebenso wie jedes Wort – grundsätzlich mit einem Vokal.

Quelle: http://www.deuticke.at

12 *Liter alkoholfreies Bier können den Führerschein kosten*

Auch alkoholfreies Bier enthält zur geschmacklichen Abrundung einen winzigen Rest Alkohol, der laut Gesetz allerdings 0,5 Volumenprozent nicht überschreiten darf. Das bedeutet, dass man sich auch mit alkoholfreiem Bier betrinken kann, sofern man nur ausreichende Mengen in sich hineinschüttet. Allerdings müsste ein 75 Kilo schwerer Mann in einer Stunde nicht weniger als 12 Liter, also 24 Flaschen trinken, um den Verlust seines Führerscheins zu riskieren.

Quelle: Brockhaus – Merkwürdiges, Kurioses und Schlaues, Leipzig 1997

Im Iran ist das Leben eines Moslems 12-*mal so viel wert wie das eines Christen*

Maßstab dieses makabren Vergleichs ist der so genannte Blutzoll, den Angehörige eines Ermordeten anstelle der Hinrichtung des Mörders von dessen Angehörigen fordern können. Nach der »Scharia«, dem islamischen Religionsgesetz, müssen für einen moslemischen Mann 100 Kamele oder 200 Rinder oder 1000 Schafe bezahlt werden, für eine moslemische Frau ist der Preis halb so hoch. Dagegen hat ein Gericht für einen bei einem Streit umgebrachten Christen nur ein Zwölftel dieser Abgaben festgesetzt.

Quelle: http://www.christnet.de

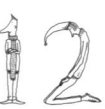

Jesus hatte **13** Apostel

Ursprünglich berief Jesus 12 Apostel – das Wort bedeutet »Gesandter« oder »Bote« –, die ihn begleiteten. Das waren Andreas, Bartholomäus, Jakobus der Ältere, Jakobus der Jüngere, Johannes, Judas Thaddäus, Matthäus, Petrus, Philippus, Simon Zelotes, Thomas und Judas Iskarioth. Als Letzterer sich als Verräter entpuppte, wurde – per Losentscheid – Matthias nachnominiert. Und damit waren es dann insgesamt 13 Apostel.

Quellen: Dr. Ankowitschs Kleines Konversationslexikon, Frankfurt, 2004; http://www.nikodemus.net

Der **13**. eines Monats fällt am häufigsten auf einen Freitag

Bekanntlich halten so viele Menschen die 13 für die Unglückszahl schlechthin, dass man für sie eine eigene wissenschaftliche Bezeichnung eingeführt hat: Triskaidekaphobiker, ein Begriff, der sich vom griechischen »triskaideka« für 13 und »phobos« für Angst ableitet. Die abergläubische Furcht ist in der Tat so verbreitet, dass in manchen Hochhäusern über der 12. gleich die 14. Etage kommt und viele Hotels kein Zimmer mit der Nummer 13 haben. In Frankreich gab es früher sogar eine Gruppe von Adeligen, die als »Quatorziennes« (die Vierzehnten) bezeichnet wurden und deren Aufgabe darin bestand, durch ihr Erscheinen kurzfristig Abendessen und andere Anlässe zu retten, bei denen genau 13 Gäste erschienen waren.

Besonders schlimm ist es für Triskaidekaphobiker, wenn der 13. eines Monats auf einen Freitag fällt. Bei der Überzeugung, an einem Freitag, dem 13., würden besonders viele Unglücksfälle passieren, handelt es sich jedoch keinesfalls um einen uralten Volksglauben, sondern um einen erst Anfang des 20. Jahrhunderts entstandenen, aus den USA zu uns herübergekommenen Irrglauben. In Deutschland tauchte Freitag, der 13., zum ersten Mal im Jahr 1957 in einer FAZ-Glosse von Thilo Koch auf, der sich darüber mokierte, dass der Stapellauf des Öltankers »Tina Onassis« wegen des angeblichen Unglücksdatums verschoben wurde.

Pech für Triskaidekaphobiker: Der Freitag ist tatsächlich derjenige Wochentag, der am häufigsten auf einen 13. fällt. Im Lauf des Gregorianischen Kalenders, der sich alle 400 Jahre beziehungsweise 4800 Monate wiederholt, ist der 13. 688-mal ein Freitag, aber »nur« 684-mal ein Donnerstag oder Samstag, 685-mal ein Montag oder Dienstag und 687-mal ein Mittwoch oder Sonntag.

Übrigens: Bei den Juden ist die Angst vor der Zahl 13 unbekannt. Im Gegenteil: Nach der mystischen Lehre der Kabbala verfügt das Paradies über 13 himmlische Quellen, 13 Tore der Gnade und 13 Ströme von Balsam.
Quelle: http://www.net-lexikon.de

Im Wappen der USA spielt die 13 eine wichtige Rolle

Das im Jahr 1782 eingeführte Wappen der USA – es ist auf der 1-Dollar-Banknote abgebildet – zeigt auf der

Vorderseite einen Weißkopfseeadler und auf der rückwärtigen das »Auge der Vorsehung«, ein einzelnes Auge in einer Pyramidenspitze. Manche abergläubischen Menschen wundern sich, dass die Amneikaner so viel Glück haben, obwohl die Zahl 13 in ihrem Wappen eine so große Rolle spielt: Über dem Adler finden sich 13 Sterne und im Schild 13 Streifen, daneben sind noch 13 Olivenblätter, 13 Olivenfrüchte und 13 Pfeile zu erkennen, und schließlich besteht der Wahlspruch »E pluribus unum« aus genau 13 Buchstaben. Allerdings muss man zur Erklärung nicht die Zahlenmystik bemühen, sondern die Geschichte: Es waren 13 abtrünnige britische Provinzen, die 1776 die USA gründeten.

Quellen: http://www.calsky.com; http://www.uni-protokolle.de

*Die Herstellung eines einzigen Computers verschlingt **14** Tonnen Material*

Nach Berechnungen der Kooperations- und Beratungsstelle für Umweltfragen (Kubus) an der TU Berlin werden zum Bau eines einzigen PCs 14 Tonnen Material und 33 000 Liter Wasser benötigt. Diese gewaltige Menge erklärt sich vor allem aus dem Rohstoffverbrauch vor der eigentlichen Chip-Produktion. Bedenklich: Computer wandern im Schnitt schon drei Jahre nach ihrem Bau wieder in den Abfall. Dadurch entstehen allein in Deutschland Jahr für Jahr 250 000 Tonnen Computerschrott. Auf Güterwagen verladen, würde dieser Abfall einen Zug füllen, der von Berlin bis Hannover reicht.

Quelle: http://www.abfallinfodienst.de

Zwischen dem Eisprung einer Frau und der nächsten Menstruation vergehen immer genau 14 Tage

Viele ungewollte Babys sind Folge des Irrglaubens, der Eisprung einer Frau, der ja die unabdingbare Voraussetzung für die Befruchtung durch ein männliches Spermium ist, fände immer exakt zwei Wochen nach dem ersten Tag der Menstruation statt. Doch das ist falsch. Die besagten 14 Tage vergehen nicht zwischen Menstruationsbeginn und Eisprung, sondern vielmehr zwischen Eisprung und Menstruation. Dagegen variiert der Zeitraum vor dem Eisprung von Frau zu Frau und auch von Periode zu Periode ganz erheblich.

Quelle: Brater – Lexikon der Sexirrtümer, Frankfurt, 2003

Im Leben Ludwigs XIV. spielte die Zahl 14 eine große Rolle

Esoteriker schwören, dass die Verknüpfung des Lebens Ludwigs XIV. von Frankreich mit der Zahl 14 kein Zufall ist, sondern eine mystische Bedeutung hat. Ludwig bestieg den Thron im Jahr 1643, eine Jahreszahl, deren Quersumme 14 ergibt (1 + 6 + 4 + 3 = 14), er lebte 77 Jahre (7 + 7 = 14) und starb 1715 (1 + 7 + 1 + 5 = 14). Addiert man die Jahreszahlen seiner Geburt (1638) und seines Todes (1715), so kommt man auf die Zahl 3353, und auch deren Quersumme ergibt – man ahnt es schon – wiederum 14 (3 + 3 + 5 + 3 = 14)!

Quelle: Spencer – Das Buch der Zahlen, München, 2002

In 4000 Meter Meerestiefe drückt das Wasser
mit einer Kraft von **14** *Zementlastwagen*

4000 Meter kann man als die durchschnittliche Tiefe der Weltmeere bezeichnen. Dass dieser Lebensraum für Menschen nur mit Hilfe extrem stabiler Tieftauchboote erreichbar ist, liegt daran, dass dort ein Wasserdruck herrscht, als würde man am morgendlichen Aufstehen gehindert, weil 14 mit Zement beladene Lastwagen auf der Bettdecke parken.

Quelle: Bryson – Eine kurze Geschichte von fast allem, München, 2004

 *Ein erwachsener Deutscher lacht täglich durchschnittlich* **15**-*mal*

Wenn man verschiedenen Studienergebnissen Glauben schenkt, lacht ein Deutscher durchschnittlich rund 6 Minuten am Tag. Vor 40 Jahren waren es knapp 18 Minuten, also das Dreifache. Im Mittel verteilt sich dieses Lachen auf 15-mal, während Kinder es Tag für Tag auf 400-mal (!) bringen. Es scheint also tatsächlich so zu sein, dass wir mit dem Alter das Lachen verlernen.

Quelle: http://www.zeitzuleben.de

15 *Meter sind der optimale Abstand*
eines Fußballschiedsrichters

Glaubt man einer niederländischen Untersuchung aus dem Jahr 1998, so sind die Entscheidungen von Fußballschiedsrichtern am häufigsten korrekt, wenn diese

15 Meter vom Ort des Geschehens entfernt sind. Offenbar ist dies der Abstand, der den bestmöglichen Kompromiss aus Übersicht und Detailerkennen gewährleistet. Das günstigste Lauftempo der Schiedsrichter beträgt dabei 2 Meter pro Sekunde.

Quelle: Eichler – Lexikon der Fußballmythen, Frankfurt, 2000

*Durchschnittlich **15**-mal täglich*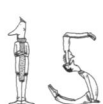
lassen wir »einen fahren«

Sobald wir essen oder trinken, schlucken wir Luft, und zwar mit jedem Bissen etwa 2 bis 3 Milliliter. Besonders ausgeprägt geschieht das, wenn wir im Stress sind und die Mahlzeit hastig in uns hineinschlingen. Außerdem entsteht im Dickdarm während des Verdauungsprozesses als Folge des bakteriellen Nahrungsmittelabbaus Gas. Die Darmgase – etwa 70 Prozent stammen vom Luftschlucken und nur 30 Prozent aus der Verdauung – werden jedoch zum größten Teil von der Darmwand aufgenommen und über das Blut zu den Lungen transportiert, von wo sie dann abgeatmet werden. Der Rest verursacht das uns allen vertraute unangenehme Druckgefühl, das uns zwingt, einen »fahren zu lassen«. Ein gesunder Mensch lässt pro Tag immerhin durchschnittlich 0,6 Liter Luft ab: in etwa 15 Portionen zu je 40 Milliliter. Die Menge schwankt jedoch sehr stark und kann sich z. B. nach einer Mahlzeit aus Hülsenfrüchten verzehnfachen!

Quelle: Brater – Lexikon der rätselhaften Körpervorgänge, Frankfurt, 2002

Der Eiffelturm wächst bei Wärme um 15 Zentimeter

Offiziellen Angabe zufolge ist der Pariser Eiffelturm – er wurde aus 18 038 vorgefertigten Stahlteilen zusammengebaut und wiegt über 10 000 Tonnen – ohne Antenne 317 Meter hoch. Diese Zahl stimmt jedoch nur im Winter; im Sommer dehnt sich das Metall infolge der Erwärmung so stark aus, dass der Turm bis zu 15 Zentimeter höher wird.

Quellen: Lauer – Das Ei des Kolumbus und andere Irrtümer, München, 2000; http://asc247.as.funipic.de

Das Gen für Ohrenschmalz sitzt auf Chromosom 16

Ohrenschmalz dient einerseits dazu, den Gehörgang geschmeidig zu halten, andererseits nimmt er Fremdkörper und Schmutz auf, die dann nicht ins Ohr gelangen können. Lange war allerdings unbekannt, warum die Beschaffenheit und Menge der segensreichen Substanz von Mensch zu Mensch so unterschiedlich ist. Dieses Rätsel haben japanische Forscher von der Nagasaki University gelöst: Sie konnten den Sitz des Gens für die Konsistenz von Ohrenschmalz auf ein Stück des Chromosoms mit der Nummer 16 einengen. Die Wissenschaftler ermittelten den Abschnitt anhand der DNA japanischer Familienangehöriger, die einen für Asiaten unüblichen, feuchten Ohrenschmalz bilden. Normalerweise ist dieser bei Asiaten und amerikanischen Ureinwohnern eher grau und krümelig.

Quelle: http://www.wissenschaft-online.de

Eine Bauernmandel sind **16** *Stück*

Das bekannteste unter den Zählmaßen ist zweifellos das Dutzend mit 12 Stück; doch auch, dass ein Schock 5 Dutzend und damit 60 Stück umfasst, ist dem einen oder anderen noch vertraut. Daneben gibt es jedoch noch eine ganze Reihe weiterer derartiger Maße, unter anderem die Mandel mit 15 Stück. Die hübscheste Bezeichnung trägt jedoch die Bauernmandel, die auch Große Mandel genannt wird und genau 16 Stück umfasst.

Quellen: Dr. Ankowitschs Kleines Konversationslexikon, Frankfurt, 2004; http://www.matheboard.de

Jeder deutsche Bürger hat **17** *Grundrechte*

Die 17 Grundrechte sind in den ersten 19 Artikeln des Grundgesetzes verankert. Als unmittelbar geltendes Recht binden sie Gesetzgebung, vollziehende Gewalt und Rechtsprechung und können beim Bundesverfassungsgericht eingeklagt werden. Im Einzelnen handelt es sich um die Rechte:

1. auf Menschenwürde
2. auf freie Entfaltung der Persönlichkeit
3. auf juristische Gleichbehandlung
4. auf Glaubens- und Gewissensfreiheit
5. auf freie Information und Meinungsäußerung
6. auf Schutz von Ehe und Familie
7. auf freies Wählen
8. auf Versammlungsfreiheit

9. auf Vereinigungsfreiheit
10. auf das Brief-, Post- und Fernmeldegeheimnis
11. auf Freizügigkeit im Bundesgebiet
12. auf freie Berufswahl
13. auf Unverletzlichkeit der Wohnung
14. auf Eigentum
15. auf Gemeineigentum
16. auf Staatsangehörigkeit und Asyl
17. auf Petitionen

Quelle: http://www.bundesregierung.de/Gesetze/-,4222/
Grundgesetz.htm

Jeder 17. erwachsene Deutsche kann weder schreiben noch lesen

Laut einer Untersuchung von UNESCO, der Kultur-organisation der Vereinten Nationen, gibt es in Deutschland unter den 65 Millionen Bürgern über 15 Jahren etwa 4 Millionen Analphabeten, von denen viele außer ihrem Namen keine anderen Wörter korrekt schreiben und keine zusammenhängenden Texte verstehen können. Das heißt, jeder 17. erwachsene Deutsche kann entweder gar nicht lesen und schreiben oder hat Schwierigkeiten, einfachste Texte zu begreifen. Obwohl die meisten Betroffenen eine Schule besucht haben, können sie derart schlecht mit Buchstaben, Wörtern und Sätzen umgehen, dass sie massive Probleme haben, im Alltag zurechtzukommen. Deshalb ist ein Großteil von ihnen ohne Arbeit und lebt von Sozialhilfe.

Was den Anteil der Analphabeten in anderen Ländern der Welt betrifft, so steht der afrikanische Staat Niger mit mehr als 82 Prozent der Bevölkerung an der Spitze, gefolgt von Guinea mit 74 und Burkina Faso mit 73 Prozent.

Quellen: http://www.science-at-home.de;
http://www.welt-in-zahlen.de

Der schwerste flugfähige Vogel wiegt bis zu **17** *Kilo*

Es handelt sich um die Großtrappe, von der in ganz Deutschland nur rund 70 Exemplare leben. Er ähnelt einem Truthahn, ist jedoch weitaus näher mit dem Kranich verwandt. Die Hähne können ein Gewicht von bis zu 17 Kilo erreichen und sind damit etwa gleich schwer wie ein Rehbock. Ihre Flügelspannweite beträgt mehr als 2 Meter, doch sie gehen auf ihren kräftigen Beinen vorzugsweise und ausdauernd zu Fuß. Wenn sie sich allerdings in die Lüfte erheben, erreichen sie eine Geschwindigkeit von 50 Stundenkilometern. Unter geeigneten Lebensbedingungen können Großtrappen über 20 Jahre alt werden.

Quelle: http://www.mlur.brandenburg.de

Bei der Ejakulation sind die Spermien **17** *Stundenkilometer schnell*

Wer glaubt, die Spermien hätten es auf dem Weg zur weiblichen Eizelle besonders eilig, der irrt sich. Schnell sind sie nur ganz am Anfang, wenn sie mit einer Geschwindigkeit von 17 Stundenkilometern ausgestoßen werden, was immerhin dem Tempo eines Marathonläufers entspricht. Danach lassen sie es eher gemächlich angehen und legen in der Minute nur noch 3 bis 4 Millimeter zurück; das sind gerade mal 0,0002 Stundenkilometer.

Quelle: Brater – Lexikon der Sexirrtümer, Frankfurt, 2003

Auf jeden Menschen kommen **18** Galaxien

Unsere Erde ist Teil einer Galaxie mit dem niedlichen Namen Milchstraße. Doch die Milchstraße ist nur eine – und bei weitem nicht die größte – von unglaublich vielen Galaxien. Deren Gesamtzahl nimmt man mit etwa 100 Milliarden an, woraus sich leicht errechnen lässt, dass auf jeden Erdenbürger sage und schreibe 18 komplette Galaxien kommen!

Quelle: Ash – 1001 Zahlen, Fakten, Rekorde, Würzburg, 1999

Nur **18** Prozent der Nachrichten befassen sich mit Frauen

Dass es mit der Gleichberechtigung in unserer Gesellschaft immer noch nicht allzu weit her ist, mag die Tatsache belegen, dass Berichte, in denen Frauen eine entscheidende Rolle spielen, weltweit nur 18 Prozent der Nachrichtenthemen ausmachen. Kommen Politiker oder Experten verschiedener Fachrichtungen zu Wort, so sind dies sogar nur zu 9 Prozent Frauen.

Quelle: http://www.ms.niedersachsen.de

18 *Prozent der Deutschen sind über 65 Jahre alt*

Dass sich der Anteil der älteren Menschen an der Gesamtbevölkerung stetig erhöht, ist eine allgemein bekannte Tatsache. In Deutschland waren im Jahr 2004 immerhin knapp 18 Prozent der Einwohner über 65 Jahre alt. (Zum Vergleich: 1900 waren es nur 5 Prozent, 1945 etwa 10 Prozent und 1990 etwa 15 Prozent.) Damit liegt Deutschland aber international keinesfalls an der Spitze, denn in Japan beträgt der Anteil der über 65-Jährigen ein halbes Prozent mehr, in Italien sogar fast 19 und in Monaco stolze 22,4 Prozent.

Quelle: http://www.welt-in-zahlen.de

Ein Kondom muss  **18** *Liter Flüssigkeit fassen können*

Wie ein Kondom beschaffen sein muss, ist in der DIN-Norm EN 600 festgelegt: Demnach muss es mindestens 17 Zentimeter lang und 44 bis 56 Millimeter breit sein. Die Wandstärke muss 0,04 bis 0,08 Millimeter betragen, und – vielleicht am erstaunlichsten – es darf erst platzen, wenn es mit mehr als 18 Liter Flüssigkeit gefüllt wird. Welch gigantischer Sicherheitszuschlag!

Quelle: http://www.novafeel.de

*Ein Nilkrokodil wächst auf das **19**-fache seiner Geburtslänge*

Bei der Geburt ist ein Nilkrokodil nur ganze 26 Zentimeter und damit halb so lang wie ein Menschenbaby. Doch dann wächst es rasch heran und hat den Säugling schon bald überholt. Insgesamt erreicht es mit etwa 5 Metern Länge das 19-fache seiner Geburtsgröße. Wüchse das menschliche Baby im selben Umfang, so würde sich aus ihm im Lauf der Jahre ein 9,50 Meter großer Erwachsener entwickeln.

Quelle: Ash – Unvergleichliche Vergleiche, München, 1997

*Eine Katze besitzt auf jeder Seite **19** Muskeln, mit denen sie ihr Ohr bewegen kann*

Manche Menschen können mit den Ohren wackeln. Doch im Grunde bringt ihnen diese Fähigkeit keinerlei Nutzen. Anders bei der Katze: Um ihre Beute präzise orten zu können, ist sie darauf angewiesen, ihr Gehörorgan exakt auf die Geräuschquelle ausrichten zu können. Dazu besitzt sie in jedem Ohr 19 voneinander unabhängige Muskeln, die eine überaus genaue Feineinstellung ermöglichen. Wenn man weiß, dass der Frequenzbereich, in dem eine Katze hört, bis 65 000 Hertz reicht und damit den eines Menschen um mehr als das Dreifache übertrifft, wundert es einen nicht, dass der Katze auch nicht das leiseste und höchste Geräusch entgeht.

Quelle: http://www.katze-und-du.at

Jeder Mensch hat **20**
überflüssige Körperteile

Darwin hatte es schon geahnt: In unserem Körper sind aus der Evolution noch etliche Überbleibsel vorhanden, die unsere Urahnen einstmals dringend benötigten, die bei unserer heutigen Lebensweise jedoch ganz und gar überflüssig geworden sind. Jetzt haben US-Forscher eine genaue Liste erstellt und sind dabei auf 20 entbehrliche Körperteile gekommen. Einige davon betreffen winzige Details unseres Bauplans, andere sind jedoch durchaus bemerkenswert: So besitzen wir noch drei rudimentäre Muskeln, die unseren Vorfahren dazu dienten, ihre Ohren in alle Richtungen zu bewegen, um sich nähernde Feinde rechtzeitig wahrzunehmen. Auch unsere vier Weisheitszähne gelten als Überbleibsel aus grauer Vorzeit, da wir ihrer zum Zermahlen grober pflanzlicher Nahrung längst nicht mehr bedürfen. Dass wir uns fortwährend den modernen Lebensbedingungen anpassen, beweist die so genannte »13. Rippe«, über die heutzutage gerade mal noch acht Prozent der Menschen verfügen.

Quelle: www.bild.t-online.de

Der sibirische Baikalsee enthält
20 *Prozent des gesamten Süßwassers der Erde*

Zwar ist die Fläche des 30 500 Quadratkilometer großen Baikalsees im Vergleich zu der des größten Süßwassersees der Erde, des Oberen Sees an der Grenze zwischen den USA und Kanada, um fast zwei Drittel geringer, dafür ist er aber mit stellenweise über 1630 Meter extrem tief. Die sich aufgrund dieser Tatsache ergebende gewaltige Wassermenge macht ein Fünftel des gesamten Süßwassers unseres Planeten aus.

Quelle: http://www.geo.de

*Weltweit gibt es 5 Städte mit mehr als **20** Millionen Einwohnern*

Obwohl es extrem schwierig ist, die Einwohnerzahl von Mega-Städten – vor allem in den Entwicklungsländern – auch nur annähernd genau zu ermitteln, scheint festzustehen, dass es Anfang des 21. Jahrhunderts weltweit 5 Städte gab, die zusammen mit ihren Vororten mehr als 20 Millionen Einwohner hatten. Die größte dieser als »Agglomerationen« bezeichneten Zusammenballungen von Menschen ist Tokio, das es zusammen mit Yokohama und Kawasaki sogar auf über 30 Millionen dort lebende Personen bringt. Es folgen Mexiko-Stadt, New York, Seoul (Südkorea) und das brasilianische São Paulo. Allerdings wird es vermutlich nicht mehr lange dauern, bis auch Mumbai (das frühere Bombay) sowie Delhi und vielleicht sogar Los Angeles mit ihren ausgedehnten Vororten die magische 20-Millionen-Einwohner-Grenze überschreiten.

Quelle: http://www.citypopulation.de

Ein Mensch verliert in seinem Leben etwa **20** Kilo Haut

Jede Minute seines Lebens verliert ein Mensch etwa 50 000 Hautschuppen. Diese sind mikroskopisch klein und machen den größten Teil des Hausstaubs aus, von dem man sich immer wundert, woher er ständig aufs Neue kommt. Zwar wiegt jedes dieser winzigen Teilchen fast nichts, doch mit der Zeit kommt dennoch eine ganz beträchtliche Masse zusammen: Bei einem 70-Jährigen sind das immerhin rund 20 Kilo – was dem durchschnittlichen Körpergewicht eines sechsjährigen Mädchens entspricht.

Quelle: Ash – 1001 Zahlen, Fakten, Rekorde, Würzburg, 1999

Elefantinnen sind **21** Monate lang schwanger

Wenn Frauen sich über die Dauer ihrer Schwangerschaft beklagen, sollten sie sich vielleicht mit dem Gedanken trösten, dass etliche Geschlechtsgenossinnen aus dem Tierreich noch weit schlechter dran sind. Denn die durchschnittlichen 274 Tage einer menschlichen Schwangerschaft werden von manchen Tieren erheblich übertroffen: So haben Kameldamen eine Tragezeit von rund 395 und Nashörner sogar von etwa 560 Tagen, doppelt so viel wie eine Menschenfrau. Den Rekord unter den Säugetieren halten jedoch weibliche Elefanten, die erst nach 625 bis 660 Tagen ihr Junges zur Welt bringen und damit durchschnittlich 21 Monate lang in anderen Umständen sind.

Quelle: Flindt – Biologie in Zahlen, Heidelberg, 2000

Der deutsche Fußballmeister steht frühestens nach dem **21.** *Spieltag fest*

Am Ende des 20. Spieltags hat der Tabellenführer der Fußball-Bundesliga vom Zweiten den größtmöglichen Abstand, wenn die Mannschaft selbst sämtliche Spiele gewonnen hat und die nachfolgenden 14 Teams außer gegen den Ersten immer unentschieden gespielt haben. Dann hat dieser 60 Punkte, während sich die Mannschaften auf den Plätzen 2 bis 15 mit 19 Zählern begnügen müssen. Das bedeutet für den 20. Spieltag einen maximal möglichen Vorsprung zwischen den beiden führenden Teams von 41 Punkten. Doch erstaunlicherweise reicht der bei den verbleibenden 14 Partien noch nicht aus – erforderlich wären 43 Zähler. Deshalb kann der Tabellenerste frühestens am 21. Spieltag alles klar machen und uneinholbar davonziehen. Ist aber alles graue Theorie – entscheidend ist auffem Platz.

Quelle: http://www.zahlensalat.de

Das Herz eines Embryos beginnt am **22.** *Tag zu schlagen*

Zwei Millimeter, also gerade mal so groß wie ein Stecknadelkopf, ist ein Embryo im Mutterleib 22 Tage nach der Verschmelzung von Ei- und Samenzelle. Kaum vorstellbar, dass im Inneren dieses winzigen Wesens schon Organe angelegt sind – und dass diese auch schon arbeiten. Und doch ist es so! Genau an diesem 22. Tag fängt das mikroskopisch kleine Herz an zu schlagen, dehnt sich aus und zieht sich wieder zusammen und stößt dabei zum allerersten Mal Blut aus.

Quelle: Kunsch – Der Mensch in Zahlen, Heidelberg, 2000

Auf der Kniescheibe eines Menschen wachsen pro Quadratzentimeter durchschnittlich **22** *Haare*

Erstaunlicherweise ist die Kniescheibe bei fast allen Menschen dichter behaart als Ober- oder Unterschenkel. Mit 24 Haaren pro Quadratzentimeter kann allenfalls noch der Unterarm mithalten. Spitzenreiter ist natürlich der Kopf, wo auf der gleichen Fläche bis zu 320 Haare wachsen.

Quelle: Flindt – Biologie in Zahlen, Heidelberg, 2000

Ein Koala schläft bis zu **22** *Stunden täglich*

Mit einer täglichen Wachzeit von nur 2 Stunden ist der australische Koala das faulste Tier überhaupt. Nicht selten ist er so müde, dass er sogar beim Essen einschlummert. Doch auch wenn er einmal wach wird, bewegt er sich ausgesprochen langsam und träge. Der Grund für seine bleierne Müdigkeit liegt in der Ernährung. Er frisst nämlich ausschließlich Eukalyptusblätter, deren geringer Energiegehalt ihm nur überaus bescheidene körperliche Aktivitäten ermöglicht.

Quelle: http://phelsuma.de

Ein Kubikmeter Iridium wiegt **22** *Tonnen*

Iridium ist das schwerste Metall und damit auch das schwerste Element, das man kennt. Es gehört zur Platingruppe, ist extrem selten, ungeheuer schwer und unvorstellbar teuer. Ein Kubikmeter wiegt 22 Tonnen und kostet 50 Millionen Euro. Anschaulicher ist Folgendes: Ein quadratisches Stück Iridium von der Größe einer 100-Gramm-Tafel Schokolade ($9 \times 9 \times 2$ cm) wiegt mehr als dreieinhalb Kilogramm. Ein solcher Imbisshappen Iridium würde die stolze Summe von € 39 000 kosten, also so viel wie eine gehobene Limousine.

Quelle: http://home.arcor.de

Anfang der Fünfzigerjahre musste ein Arbeiter für ein Kilo Kaffee **22** *Stunden schuften*

Sicher haben wir vielfach Recht, wenn wir darüber klagen, alles werde von Jahr zu Jahr immer teurer. Doch dabei übersehen wir häufig, dass auch das Durchschnittseinkommen und damit das für den Konsum vorhandene Geld im Lauf der Jahre und Jahrzehnte massiv gestiegen ist. Tatsache ist jedenfalls, dass ein Industriearbeiter zu Beginn der Fünfzigerjahre bei einer Arbeitszeit von 50 Stunden und einem durchschnittlichen Lohn von 107 Mark pro Woche sage und schreibe 22 Stunden arbeiten musste, um sich ein Kilo Bohnenkaffee leisten zu können. Trotz erheblich gestiegener Preise verdient er dieselbe Menge Kaffee heute in einer knappen Dreiviertelstunde.

Quelle: http://www.hausarbeiten.de

Von **23** *Personen haben wahrscheinlich zwei am selben Tag Geburtstag*

Damit wir uns richtig verstehen: Es geht nicht um ein ganz bestimmtes Datum, an dem zwei Menschen gemeinsam Geburtstag feiern, sondern um einen x-beliebigen Tag des Jahres. Es leuchtet ein, dass unter 367 Personen zwangsläufig mindestens zwei sein müssen, für die das zutrifft. Erstaunlich ist jedoch die geringe Anzahl von Menschen, die erforderlich sind, damit die Wahrscheinlichkeit, dass zwei davon zeitgleich Geburtstag haben, größer ist als 50 Prozent. Denn diese Zahl beträgt gerade mal 23. Wer also in einer Gruppe von mindestens 23 Personen wettet, dass zwei der Anwesenden am selben Tag ihren Geburtstag begehen, wird diese Wette, statistisch gesehen, häufiger gewinnen als verlieren. Warum ist das so?

Lassen wir der Einfachheit halber den nur alle vier Jahre stattfindenden 29. Februar weg, so beträgt die Wahrscheinlichkeit für zwei identische Geburtstage bei zwei Personen $1/365$ oder rund 0,3 Prozent. Will man den Wert für drei Personen ausrechnen, so kann man auch folgende Frage stellen: Mit welcher Wahrscheinlichkeit sind die Geburtstage dieser drei Menschen verschieden? Nun, die erste Person kann noch unter 365 Tagen wählen, die zweite unter 364 und die dritte nur noch unter 363. Das heißt, die Wahrscheinlichkeit für drei unterschiedliche Geburtstage liegt bei $365/365 \times 364/365 \times 363/365 = 0{,}991 = 99{,}1$ Prozent. Oder anders ausgedrückt: Die Wahrscheinlichkeit, dass zwei von drei Personen am selben Tag Geburtstag haben, liegt bei knapp 1 Prozent.

Mit derselben Methode kann man nun auch die Wahrscheinlichkeit für jede beliebige Anzahl von Menschen ermitteln, und wenn man das tut, stellt man erstaunt fest, dass sich bereits bei 23 Personen ein Wert von 50,7 Prozent ergibt oder mit anderen Worten: dass es bei 23 Personen wahrscheinlicher ist, dass zwei denselben Geburtstag haben, als dass dies nicht der Fall ist. Bei 40 Menschen beträgt die Prozentzahl bereits knapp 90, sodass es höchst unwahrscheinlich ist, dass von 40 Personen zwei nicht am selben Datum ihren Ehrentag feiern können.

Quelle: Krämer – Denkste, Frankfurt, 1996

*Ein Baby kommt mit **23** Prozent seiner späteren Gehirnmasse zur Welt*

Nirgendwo im Tierreich gestaltet sich die Geburt so mühsam und schmerzhaft wie bei uns Menschen. Damit zahlen die Frauen gleichsam den Preis für unseren aufrechten Gang, der nur mit einem nicht allzu ausladenden und vor allem fest gefügten, wenig dehnbaren Becken möglich ist. Dort hindurch muss sich nun das recht großkopfige und verhältnismäßig schwere, insgesamt aber absolut hilflose Baby pressen. Den großen Kopf benötigt das Neugeborene für das uns Menschen eigene überdimensionale Gehirn, das sich indes erst nach der Geburt so richtig entwickelt. Wenn ein Baby zur Welt kommt, besitzt es nämlich trotz seines großen Kopfes gerade einmal 23 Prozent seiner späteren Gehirnmasse und damit den am wenigsten entwickelten

Denkapparat aller Neugeborenen überhaupt. Zum Vergleich: Schimpansen werden mit etwa 40 und Makaken sogar mit mehr als 65 Prozent ihres endgültigen Gehirngewichts geboren, und bei Kälbern ist das Denkorgan bei der Geburt schon so gut wie vollständig ausgebildet.

Quelle: http://www.hometown.aol.de

Die Gesamtlänge der Wurzeln einer Buche beträgt **23** *Kilometer*

Die in der Walderde verlaufenden Wurzeln einer Buche teilen sich vielfach in immer kleinere und dünnere Verästelungen, die einerseits die Aufgabe haben, den Baum im Boden zu verankern, und andererseits, ihn bis hinauf in die oberste Spitze mit Wasser und Mineralstoffen zu versorgen. Man kann sich zwar vorstellen, dass hierfür ein reichliches Wurzelwerk vonnöten ist, dennoch ist es mehr als erstaunlich, dass die Gesamtwurzellänge einer einzigen mittelgroßen Buche im Durchschnitt 23 Kilometer beträgt!

Quelle: Schule 2002 – Grundstock des Wissens, Köln, 2001

Wollte man die Atome in einem Wassertropfen erkennen,  *müsste dieser* **23** *Kilometer dick sein*

Alle Materie besteht aus Atomen. Diese sind allerdings so winzig, dass man einen Millimeter in 1000 Teile und jeden dieser Teile noch einmal in 10 000 Abschnitte zerlegen müsste, um in ihren Größenbereich zu gelangen. Die Größe eines Atoms verhält sich zur Länge einer Linie von 1 Millimeter wie die Dicke eines Blattes Papier zur Höhe des New Yorker Empire State Buildings. Oder um es noch anders auszudrücken: Ein Wassertropfen müsste einen Durchmesser von 23 Kilometern haben, damit die darin enthaltenen Atome mit bloßem Auge gerade eben zu erkennen wären.

Quelle: Bryson – Eine kurze Geschichte von fast allem, München, 2004

*Alle **23** Sekunden wird ein*
deutscher Urlauber im Ausland bestohlen
    Versicherungsunternehmen haben ausgerechnet, dass durchschnittlich alle 23 Sekunden ein deutscher Urlauber im Ausland Opfer eines Diebstahls wird (oder es behauptet).

Quelle: http://www.cardsecure.de

Aus einem Gramm Gold kann man
*einen **24** Kilometer langen Faden ziehen*
    Von allen Metallen hat Gold die größte Dehnbarkeit. Ohne zu reißen, lässt es sich zu einer durchscheinenden Folie mit einer Schichtstärke von nur 100 Nanometern – das sind 0,0001 Millimeter! – auswalzen. Da ein Faden, der sich aus einem einzigen Gramm Gold ziehen lässt, ähnlich dünn ist, erreicht er die unvorstellbare Länge von 24 Kilometern!

Quelle: http://www.schulmodell.de

24 *Prozent der deutschen Schüler bleiben sitzen*

Die PISA-Studie hat es an den Tag gebracht: 24 Prozent, also knapp ein Viertel aller deutschen Schüler müssen während ihrer Schulzeit mindestens einmal eine Klasse wiederholen. Dies und die Tatsache, dass manche bei der Einschulung zurückgestellt werden, führt dazu, dass nur 23,5 Prozent der 15-Jährigen in die zehnte Klasse gehen. Zum Vergleich: In Österreich besuchen rund 40 und in Belgien sogar 60 Prozent der 15-jährigen Schüler und Schülerinnen die Klassenstufe 10.

Quelle: http://www.jubi.de

25 *Tonnen könnte ein Mensch bewegen, wenn all seine Muskeln gleichzeitig in dieselbe Richtung zögen*

Unser Körper umfasst 639 Muskeln, die wir willkürlich betätigen können. Darunter so winzige wie die Augenmuskeln, die unseren Blick lenken, und so riesige wie den Quadrizeps vorne am Oberschenkel. Ebenso unterschiedlich wie ihre maximale Kraft ist ihre Zugrichtung. Wäre diese bei sämtlichen Muskeln gleich und könnten wir alle gemeinsam anspannen, so würden wir eine Kraft erzeugen, mit der wir einen ausgewachsenen Pottwal von der Stelle bewegen könnten.

Quelle: http://www.fitforfun.msn.de

Der höchste Berg unseres Sonnensystems
*ist **25** Kilometer hoch*

Er steht natürlich nicht auf der Erde, sondern auf dem Mars, heißt »Mons Olympicus« und ist ein erloschener Vulkan mit einem Kraterdurchmesser von 600 Kilometern.

Quelle: http://www.atlan-club-deutschland.de

Die Fingernägel eines Menschen
*wachsen im Leben etwa **25** Meter*

Jeden Tag wachsen unsere Fingernägel um 0,086 Millimeter. In einem Jahr sind das etwas mehr als 31 Zentimeter und in einem 80-jährigen Leben rund 25 Meter!

Quelle: Flindt – Biologie in Zahlen, Heidelberg, 2000

*Monopoly gibt es in **26** Sprachen*

Fast jeder kennt Monopoly, und fast jeder hat es schon einmal gespielt. Und das nicht nur in Deutschland, sondern in etwa 80 Ländern der Erde, wo man Spielbretter, Gemeinschafts- und Ereigniskarten in der jeweiligen Landessprache kaufen kann.

Die teuerste und für die Mitspieler ruinöseste Straße, die Schlossallee, heißt in den USA »Boardwalk«, in Frankreich »Rue de la Paix«, in den Niederlanden »Calver Straat« und in England »Mayfair«.

Quelle: http://www.flensburg-online.de

Beim Rauchen einer Zigarette fällt die Hauttemperatur auf etwa **27** Grad Celsius ab

Bei rund 35 Grad Celsius liegt normalerweise die Temperatur unserer Haut. Die darin befindlichen Blutgefäße werden durch das Nikotin einer einzigen Zigarette derart verengt, dass weitaus weniger Blut hindurchfließen kann, wodurch die Temperatur um fast 10 Grad auf etwa 25 bis 27 Grad Celsius absinkt!

Quelle: Bauer – Humanbiologie, Berlin, 2000

Die Gänge des Pentagons in Washington sind **27** Kilometer lang

Das fünfeckige Pentagon, der Sitz des amerikanischen Verteidigungsministeriums, ist wohl das größte Bürogebäude der Welt. Seine Grundfläche ist dreieinhalb mal so groß wie die des Petersdoms in Rom und immerhin noch mehr als doppelt so groß wie die der Cheopspyramide. Das gewaltige Ausmaß wird besonders deutlich, wenn man die Gesamtlänge der Gänge betrachtet, die die vielen Büros miteinander verbinden: Sage und schreibe 27 Kilometer sind sie lang – das heißt, dass ein Spaziergänger fast sieben Stunden benötigen würde, um sie vom Anfang bis zum Ende zu durchwandern.

Quelle: Ash – 1001 Zahlen, Fakten, Rekorde, Würzburg, 1999

Die menschliche Hand besitzt **27** *Knochen und 33 Gelenke*

Dass wir mit unseren Händen einerseits grob zupacken, andererseits aber auch ungemein feine und subtile Bewegungen ausführen können, hat seine Ursache in deren kompliziertem Bau und nicht zuletzt in der Vielzahl der durch insgesamt 33 Gelenke miteinander verbundenen Knochen. Davon besitzt jede Hand 27 Stück, und zwar 8 Handwurzelknochen, 5 Mittelhandknochen und 14 Fingerknochen. Erstaunlich ist, dass unsere Füße, die doch – wenn wir einmal von lateinamerikanischen Fußballern absehen – scheinbar weitaus gröbere Bewegungen ausführen, auch je 26 Knochen aufweisen – also nur einen einzigen weniger als die Hand.

Quelle: Kunsch – Der Mensch in Zahlen, Heidelberg, 2000

Das längste englische Wort besteht aus **29** *Buchstaben*

Das längste Wort, das sich im angesehenen »Oxford English Dictionary« findet, ist »floccinaucinihiliplification«, was so viel wie »etwas für wertlos halten« bedeutet.

Quelle: http://www.charmingquark.de

*Ein Krokodil braucht nur
ein **30**stel der Nährstoffe, die
ein Mensch benötigt*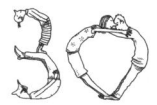

Bilder von Alligatoren, die eine komplette Antilope verschlingen, hat wohl jeder schon einmal gesehen. Da überrascht es, dass ein Krokodil, um am Leben zu bleiben und sich wohl zu fühlen, weitaus weniger essen muss als ein Mensch. Im Gegensatz zum Menschen sind Echsen – auch die größten – nämlich wechselwarme Tiere, deren Körpertemperatur sich entsprechend der Außentemperatur verändert, während der Mensch auf reichlich Nahrungszufuhr angewiesen ist, um seine Körpertemparatur stets bei 37 Grad zu halten. So ist es zu erklären, dass ein Mensch bei etwa 20 Grad Außentemperatur einen Grundumsatz – das ist der Nährstoffbedarf bei völliger körperlicher Ruhe – von 6000 bis 7500 Kilojoule hat, während ein ruhendes Krokodil seine entsprechend niedrigere Körperwärme bereits mit einer täglichen Energiemenge von 250 Kilojoule, einem Dreißigstel der Mindestenergie eines Menschen, aufrechterhalten kann.

Quelle: Campbell, Reece – Biologie, Heidelberg, 2003

*Die gewöhnliche Stubenfliege kann bis zu
30 verschiedene Krankheiten übertragen*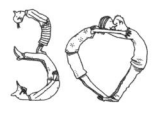

Nahezu weltweit kennt jeder die schwarzen, behaarten Stubenfliegen. Im Allgemeinen hält man sie allenfalls für lästig und hängt hauptsächlich wegen ihres nervenden Gesummes Fliegenfänger auf oder rückt ihnen

77

mit allen möglichen Schlagobjekten zu Leibe. Dass sie tatsächlich nicht ungefährlich sind und eine ganze Reihe bedrohlicher Krankheiten verbreiten können, weiß dagegen kaum jemand. Kommen sie mit einem Erkrankten in Kontakt, so heften sich die Erreger entweder an ihre behaarten Beine, von wo sie beim Naschen an Lebensmitteln wieder herabfallen, oder sie werden von der Fliege gefressen und später wieder ausgespien. Zu den Krankheiten, an deren Verbreitung sie maßgeblichen Anteil haben, gehören einige harmlose Infekte, aber auch so schlimme wie Cholera, Ruhr, Typhus und Milzbrand.

Quelle: http://de.encarta.msn.com

*Biber können bis zu **30** Kilo schwer werden*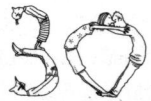

Der Biber ist das größte Nagetier Europas. Er wird bis zu 1 Meter 30 lang und 30 Kilo schwer, womit er fast doppelt so viel wiegt wie ein Reh. Er vertilgt Tag für Tag etwa 4 bis 5 Kilo Rinde und Blätter.

Quellen: http://www.obi.at; http://www.befreitewasser.ch

 ### *Der August verdankt seinen **31.** Tag einem gekränkten Kaiser*

Da der alte römische Kalender am 1. März begann, hieß dessen sechster Monat bis zum Jahr 8 vor Christus »Sextilis«. Dann wurde er zu Ehren von Kaiser Augustus umbenannt. Diesem war es aber ein Dorn im Auge, dass

»sein« Monat einen Tag kürzer war als der nach Julius Cäsar benannte Juli. Deshalb strich er kurzerhand den letzten Tag des Februars und fügte ihn dem August hinzu. Seitdem hat der Februar nur noch 28 oder 29, der August dafür ebenso wie der Juli 31 Tage.

Quelle: Duden – 100 000 Tatsachen, Mannheim, 2001

*Wer beim Skatspielen **31** Augen hat, ist aus dem Schneider*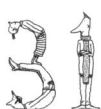

Der Beruf des Schneiders galt früher als verächtlich; diejenigen, die ihn – oft notgedrungen – ergriffen, hielt man für schwach, arm und bemitleidenswert. Schuld daran waren nicht zuletzt reiche junge Männer, Studenten und Offiziere, die ihren Schneider zunächst auf Kredit arbeiten und dann mit seiner Forderung abblitzen ließen. Aus dieser Zeit stammt auch der bekannte Spruch »Herein, wenn's kein Schneider ist!« (Der Spott ging so weit, dass man behauptete, ein richtiger Schneider wiege nicht mehr als 30 Lot, was ungefähr 500 Gramm entspricht.) Von kräftigen Leuten und später auch im übertragenen Sinn von solchen, die sich aus irgendeinem Schlamassel befreit hatten, sagte man, sie seien »aus dem Schneider« – und so auch von denen, die einer deklassierenden Niederlage beim Skat entgangen waren, also mindestens 31 der 120 möglichen Punkte gewonnen hatten.

Quelle: Köhler – Basar der Bildungslücken, München, 2000

*Wer beim Lotto Zahlen unter **32** spielt, bekommt im Gewinnfall wenig Geld*

Auch wenn Tippgemeinschaften hartnäckig etwas anderes behaupten – es gibt beim Zahlenlotto keine Sechserreihe, deren Ziehung wahrscheinlicher ist als die einer anderen. Selbst die bisher noch nie da gewesene Kombination 1 – 2 – 3 – 4 – 5 – 6 fällt mit derselben Wahrscheinlichkeit wie jede andere beliebige Kombination. Und dennoch gibt es beim Lotto Zahlenfolgen, die man eher meiden sollte – weil sie, falls sie tatsächlich eintreffen, mit Sicherheit geringere Gewinnquoten erbringen. Der Grund: Zahlreiche andere Spieler dürften auf dieselbe Reihe gesetzt haben, sodass man im Gewinnfall mit sehr vielen anderen teilen muss.

Kombinationen, von denen man aus diesem Grund die Finger lassen sollte, sind:

sämtliche geometrischen Muster auf dem Tippschein
arithmetische Folgen wie 3 – 6 – 9 – 12 – 15 – 18
Gewinnzahlen (in- und ausländische) der jüngeren Vergangenheit
die 6 bisher am häufigsten bzw. am seltensten gezogenen Zahlen
alle Kombinationen mit vielen Zahlen unter 32.

Letzteres ist deshalb zu meiden, weil sehr viele Tipper auf ihre Geburtstage setzen, und dabei enden die möglichen Zahlen eben bei 31. Fazit: Jede Sechserreihe gewinnt mit absolut identischer Wahrscheinlichkeit, nur einige erzielen mit ebenso absoluter Gewissheit deutlich höhere Quoten als andere.

Quelle: Bosch – Lotto und andere Zufälle, Braunschweig, 1994

Ohne den natürlichen Treibhauseffekt
wäre es auf der Erde
*um **33** Grad Celsius kälter*

In der oberen Atmosphäre lassen Gase wie Wasserdampf, Kohlenstoffdioxid, Stickstoffoxide, Methan und Ozon die kurzwellige Sonnenstrahlung weitgehend ungehindert zur Erde durchdringen, nehmen jedoch die von der Erde abgegebene langwellige Wärmestrahlung in sich auf. Die Folge ist, dass sich die Erde ähnlich wie in einem Treibhaus auf eine globale Durchschnittstemperatur von 15 Grad Celsius erwärmt. Ohne dieses Phänomen, das man als »natürlichen Treibhauseffekt« bezeichnet, wäre es um etwa 33 Grad kälter, und das Leben in der uns bekannten Form wäre dann nicht mehr möglich. Fatalerweise führen menschliche Aktivitäten zur zusätzlichen Freisetzung klimabeeinflussender Gase, die sich überwiegend in der Atmosphäre anreichern. Folge: Der durchaus erwünschte natürliche Treibhauseffekt wird künstlich verstärkt und bewirkt einen weiteren Anstieg der durchschnittlichen Temperatur – ein Effekt, der vielfältige, zum Teil in ihrem Ausmaß noch gar nicht absehbare Probleme zur Folge hat.

Quelle: http://www.umweltbundesamt.de

Joseph Smith war mit
*mindestens **33** Frauen verheiratet*

Joseph Smith war der Gründer der »Kirche Jesu Christi der Heiligen der Letzten Tage« und damit der Stifter der Mormonen-Religion. Ein Grundpfeiler war die Poly-

gamie, die heute allerdings von der Kirche herunterge-
spielt und mit dem zweifelhaften Hinweis auf den da-
maligen Männermangel begründet wird. Tatsache ist,
dass Joseph Smith später von den Mormonen getötet
wurde, weil er – was er allerdings vehement abstritt –
an verschiedenen Orten mindestens 33 (andere Quellen sprechen sogar von 45 bis 49) Frauen hatte, wobei er
auch vor den Ehefrauen seiner Anhänger nicht zurück-
schreckte und etliche von ihnen schwängerte.

Quelle: http://www.homepage-sunrise.ch

Aus Krokodileiern, die bei **34** *Grad ausgebrütet werden, schlüpfen ausschließlich Männchen*

Krokodileier reifen in Sandnestern heran, die in der
Regel von der Mutter bewacht werden. Verblüffend ist
dabei, dass die Geschlechtsentwicklung in den Eiern
von der Außentemperatur abhängt: Werden sie bei unter 30 Grad Celsius Nestwärme ausgebrütet, schlüpfen
aus ihnen Weibchen, bei 34 Grad Celsius dagegen ausschließlich Männchen. Gräbt die Mutter die Eier beim
Legen in verschiedenen Tiefen mit unterschiedlichen
Temperaturen ein, ist daher die Wahrscheinlichkeit
groß, dass sich beide Geschlechter entwickeln.

Quelle: http://www.matheboard.de

Die Sonne gibt in einer einzigen Sekunde 35-mal mehr Energie ab, als die Einwohner der USA in einem ganzen Jahr verbrauchen

Es ist bekannt, dass die US-Amerikaner, was den Energieverbrauch angeht, alles andere als sparsam sind. Dennoch sind sie im Vergleich zur Sonne Waisenknaben. Diese strahlt nämlich Sekunde für Sekunde 35-mal so viel Energie ab, wie die Amerikaner in einem ganzen Jahr verbrauchen. Oder anders ausgedrückt: Die Sonnenenergie einer einzigen Sekunde würde den USA 35 Jahre lang reichen!

Quelle: Ash – 1001 Zahlen, Fakten, Rekorde, Würzburg, 1999

Barbie hätte Schuhgröße 35

Jeder kennt Barbie, die Puppe, die nicht einem Säugling oder Kleinkind, sondern einer jungen Frau nachempfunden ist – und zwar einer, die mit wahrlich imponierenden Körpermaßen aufwarten kann. Rechnet man ihre Werte auf eine Körpergröße von 1,80 Meter um, so hätte sie eine Oberweite von etwa 95 bis 100, eine Taille von 45 bis 55 und einen Hüftumfang von rund 80 Zentimetern. Wenn das nichts ist! Am bemerkenswertesten aber sind die winzigen Füße: Sie würden bei einer Barbie aus Fleisch und Blut in Schuhen der Kindergröße 35 stecken!

Quelle: http://www.dasartfoto.de

Bandwürmer können **35** *Jahre alt werden*

Bandwürmer sind Schmarotzer, die im Darm von Wirbeltieren, unter anderem auch des Menschen, leben und sich auf Kosten ihres Wirts ernähren. Es gibt rund 1500 Arten mit Längen von wenigen Millimetern bis zu 30 Metern! Derjenige, der von ihnen befallen ist, leidet unter Abgeschlagenheit, Kopfschmerzen, Erbrechen und Durchfall und muss sich einer Wurmkur unterziehen, mit deren Hilfe sich die lästigen Parasiten in der Regel recht einfach beseitigen lassen. Zu warten, bis sie von selbst sterben, ist dagegen nicht anzuraten, denn einige von ihnen können mehr als 35 Jahre alt werden.

Quellen: Brater – Lexikon für Patienten, Berlin, 1998; http://www.party-worms.de

Der erste Motorflug ging über **36** *Meter*

Der allererste Motorflug am 17. Dezember 1903 war eigentlich mehr ein Hopser. Gerade mal 36 Meter schaffte der von Orville Wright gesteuerte Doppeldecker und blieb dabei nur 12 Sekunden in der Luft (sofern man bei einer atemberaubenden Höhe von etwa drei Metern überhaupt von »in der Luft sein« sprechen kann). Zum Vergleich: Der erste Motorflug erreichte damit gut die Hälfte der Spannweite einer modernen Boeing 747-400 – die beträgt nämlich stolze 64,5 Meter.

Quelle: http://www.br-online.de

Viagra wirkt nach durchschnittlich 36 Minuten

Als Nachteil des Potenzmittels Viagra wird oft ange-
führt, dass es keinen spontanen Sex möglich mache, da
es mindestens eine Stunde vor geschlechtlicher Betäti-
gung eingenommen werden müsse. Dem widerspricht
jedoch eine Studie, die beim 5. Kongress der Europäischen Gesellschaft für Sexual- und Impotenzforschung
in Hamburg vorgestellt wurde. Demnach benötigt ein
Drittel der Männer nach Einnahme von 100 mg Viagra
nur 14 Minuten, bis eine vollständige Erektion eintritt,
und bei 51 Prozent lässt sie etwa 20 Minuten auf sich
warten. Unter der Voraussetzung, dass die letzte Mahlzeit mindestens zwei Stunden zurückliegt, tritt die Wir-
kung von Viagra durchschnittlich nach 36 Minuten ein.
Quelle: http://www.potenzmittel-online.com

Die Deutschen lesen täglich durchschnittlich 37 Minuten lang

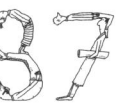

Durch Befragung von fast 13 000 Personen in 5400
Haushalten hat das Statistische Bundesamt ermittelt, wie
der Durchschnittsdeutsche seinen Tag verbringt. Demnach ist er rund eindreiviertel Stunden mit Essen und
Trinken beschäftigt und schläft etwa achteinhalb Stunden lang. 36 Minuten ist er beim Putzen und Aufräu-
men und nur 6 Minuten lang hört er Radio oder Musik.
5 Minuten pro Tag nimmt er an Versammlungen teil, ist
7 Minuten ehrenamtlich tätig, und 8 Minuten hilft er
anderen. Während die Frau 21 Minuten lang damit be-

schäftigt ist, die Kinder zu betreuen, nimmt diese Tätigkeit beim Mann durchschnittlich nur 9 Minuten in Anspruch. Und etwas mehr als eine halbe Stunde, nämlich 37 Minuten lang, wendet der deutsche Durchschnittsbürger auf, um zu lesen.

Quelle: Statistisches Jahrbuch 2004

Der kürzeste Krieg der Weltgeschichte dauerte **38** Minuten

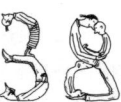

Der kürzeste Krieg, den die Menschheit je erlebt hat, fand im August 1896 zwischen Großbritannien und Sansibar statt und dauerte nur ganze 38 Minuten. Er begann um 9 Uhr morgens, als der zweite Sohn des Sultans von Sansibar nach dessen Tod den Thron für sich beanspruchte. Daraufhin ließ der britische Admiral Sir Harry Rowson nach Ablauf eines Ultimatums den Palast des selbsternannten Sultans bombardieren. Nach 38 Minuten ergriff dieser die Flucht, und der Krieg war, ehe er richtig begonnen hatte, schon wieder zu Ende.

Quellen: http://www.br-online.de; http://www.ferien.de

In Botswana werden Frauen durchschnittlich nur **38** Jahre alt

Wenn in einem Land die durchschnittliche Lebenserwartung der Bevölkerung besonders niedrig ist, liegt das zum Teil an der extrem hohen Säuglingssterblichkeit, die im Fall von Botswana bei fast 80 Todesfällen auf 1000 Geburten liegt, zum Teil aber auch an der katastrophalen Ernährungssituation, der fehlenden medizinischen Versorgung und dem Grassieren von Infektionskrankheiten wie Malaria, Tuberkulose und Aids. Im zentralafrikanischen Botswana werden aus diesen Gründen die Männer durchschnittlich nur lediglich 39 und die – ansonsten eher zäheren – Frauen gar nur 38 Jahre alt. Verglichen mit der Lebenserwartung einer deutschen Frau, die im Durchschnitt 83 Jahre erreicht, ist das eine wahrhaft erschreckende Zahl.

Quelle: http://www.spiegel-online.de

39 *Päpste waren verheiratet*

In der frühen Kirchengeschichte nahm man es bei den katholischen Geistlichen mit dem Zölibat noch nicht so genau. Es wurde zwar als mögliche, alternative Lebensweise betrachtet – ein Zwang, sich daran zu halten, bestand indes nicht. So nimmt es nicht wunder, dass in den ersten 1200 Jahren seit Bestehen der Kirche nicht nur Priester und Bischöfe, sondern sogar 39 Päpste verheiratet waren, zumal ja auch Petrus, der Urvater aller Päpste, eine Ehefrau hatte.

Quellen: http://www.weltfamilie.at;
http://www.geschichte-im-roman.de

Die Heckwellen eines Bootes bilden stets einen Winkel von **39** *Grad*

Gleitet ein Boot über einen See, zieht es ein V-förmiges Wellenmuster hinter sich her, dessen Spitze es selbst darstellt. Bemerkenswert ist, dass die beiden äußeren, das Muster begrenzenden Wellen stets einen Winkel von 39 Grad bilden, was sich physikalisch mit ihrer Phasen- und Gruppengeschwindigkeit erklären lässt. Dabei ist es ganz egal, wie schnell das Boot fährt, mehr noch: Die Wellen müssen nicht einmal von einem Boot verursacht werden, Enten oder andere Schwimmvögel – egal wie groß und wie schnell – erzeugen ein Wellenmuster mit exakt demselben Öffnungswinkel.

Quelle: Grimvall – Warum funkeln die Sterne?, Augsburg, 1997

Die Zahl **40** spielt im Christentum eine große Rolle

Es ist erstaunlich, wie oft die Zahl 40 in der Bibel vorkommt. Besonders im Alten Testament findet man sie in Passagen mit mystischer Bedeutung. So fällt während der Sintflut 40 Tage und Nächte lang Regen; anschließend lässt Noah weitere 40 Tage verstreichen, bevor er das Fenster der Arche öffnet. Moses verbringt 40 Tage auf dem Berg Sinai, Elias lässt sich in der Wildnis 40 Tage lang von Raben ernähren, 40 Tage irren die Israeliten durch die Wüste, ehe sie das Gelobte Land erreichen, und Jona gibt Ninive eine Frist von genau 40 Tagen, um zu bereuen. Im Neuen Testament wird berichtet, dass Jesus 40 Tage lang fastet und am 40. Tag nach seiner Auferstehung gesehen wird und gen Himmel auffährt.

Das biblische Vorbild hat dazu geführt, dass die Zahl 40 auch in anderen Bereichen als angemessene Wartefrist eingeführt wurde: So leitet sich die Bezeichnung

»Quarantäne« vom französischen Wort »quarante« für 40 ab; 40 Tage lang wurde der Platz eines Tafelritters nach dessen Tod von einem Armen eingenommen, und ein britischer Parlamentarier durfte nach Auflösung des Unterhauses 40 Tage lang nicht verhaftet werden.

Quelle: http://www.religion.orf.at

Das menschliche Herz könnte täglich **40** *Badewannen mit Blut füllen*

70-mal schlägt das Herz durchschnittlich in der Minute, das macht 4200-mal in der Stunde und 100 800-mal am Tag. Da bei jeder Herzaktion etwa 70 ml Blut ausgeworfen werden, ergibt sich eine täglich geförderte Menge von 7056 Litern – genug, um 40 Badewannen mit einem üblichen Fassungsvermögen von 175 Litern zu füllen.

Quelle: Berechnung des Autors

Nur bei minus **40** *Grad stimmen die Celsius- und die Fahrenheit-Skala überein*

Der Deutsche Daniel Fahrenheit entwickelte im 18. Jahrhundert eine Temperaturskala, nach der Wasser bei 32 Grad gefriert und bei 212 Grad kocht. Heute ist sie vor allem in den angelsächsischen Ländern gebräuchlich – und nur bei minus 40 Grad stimmt sie exakt mit der uns geläufigen Celsius-Skala überein.

Quelle: http://www.sengpielaudio.com

Der deutsche Durchschnittsmensch ist **41** Jahre alt

Statistiker haben errechnet, dass Anfang des 21. Jahrhunderts der durchschnittliche deutsche Bürger eine 41 Jahre alte berufstätige Frau namens Müller ist, die in einer nordrhein-westfälischen Großstadt in einem Haushalt mit 1,95 Personen lebt und 1,4 Kinder hat. Wie die Frau mit ihren 1,4 Kindern (und ggf. ihrem Partner) allerdings in einen 1,95-Personen-Haushalt passen soll, verstehen die Statistiker wohl selbst nicht genau.

Quelle: Duden – 100 000 Tatsachen, Mannheim, 2001

Ein 70 Kilo schwerer Mensch enthält rund **42** Liter Wasser

Der Körper eines Erwachsenen besteht zu etwa 60 Prozent aus Wasser, das verteilt ist auf Billionen von Zellen. Das bedeutet, dass ein 70-Kilo-Durchschnittsmann davon 42 Liter – mehr als 4 Haushaltseimer – enthält. Die Verteilung auf die einzelnen Gewebe und Organe ist dabei höchst unterschiedlich: Während die Lunge zu knapp 84 Prozent aus Wasser besteht, sind es bei den Nieren nur noch 80, bei den Muskeln 77 und beim Fettgewebe gar nur 10 Prozent. Den Rekord hält der Glaskörper unseres Auges: Er besteht zu 99 Prozent und damit fast vollständig aus Wasser.

Quellen: Quelle: Flindt – Biologie in Zahlen, Heidelberg, 2000; http://www.bodymed-chemnitz.de

Zum Stirnrunzeln sind 43 Muskeln erforderlich

Es klingt merkwürdig, aber es ist wahr: Um unsere Stirn zu runzeln, müssen wir 43 kleine Muskeln betätigen, während wir zum Lachen nur 15 benötigen. Da fragt man sich doch, warum so viele Menschen sich die Mühe machen, mit genervtem Stirnrunzeln in die Gegend zu blicken, wo sie doch für ein freundliches Lächeln 27 Muskeln weniger anspannen müssten.

Quelle: Kunsch – Der Mensch in Zahlen, Heidelberg, 2000

Nur 45 Prozent der Weltbevölkerung essen mit Messer und Gabel

Ernährungswissenschaftler haben ermittelt, dass nur etwa 45 Prozent, also weniger als die Hälfte aller Menschen, zum Essen Messer und Gabel benützen. 36 Prozent essen mit Stäbchen, 13 Prozent verwenden andere Utensilien, und 8 Prozent stecken sich die Nahrung einfach mit der Hand in den Mund.

Quelle: http://www2.ongesundheit.t-online.de

China und Kanada sind nahezu gleich groß, doch auf einen Kanadier kommen 46 Chinesen

Mit 9,6 Millionen Quadratkilometern ist China fast genauso groß wie Kanada, das eine Fläche von 9,9 Quadratkilometern bedeckt. Doch was die Einwohnerzahl angeht, liegen nicht nur ein Ozean, sondern auch

Welten zwischen den beiden Ländern: Während in China 1,3 Milliarden Menschen leben, sind es in Kanada gerade mal 28 Millionen, die sich dazu noch größtenteils auf das südliche Grenzgebiet zu den USA konzentrieren. Das bedeutet, dass China 46-mal so dicht bevölkert ist oder dass auf einen Kanadier 46 Chinesen kommen.

Quellen: http://www.kanadanews.de; http://www.china.org

47 *Prozent der Erdkruste bestehen aus Sauerstoff*
Natürlich besteht die Kruste der Erde aus massivem Gestein. Dieses ist jedoch aus einer Reihe unterschiedlicher chemischer Verbindungen aufgebaut, die zum größten Teil eine Gemeinsamkeit haben: Einer ihrer Grundbestandteile ist Sauerstoff, ein im elementaren Zustand gasförmiger Stoff, den wir alle aus unserer Atemluft kennen. Berechnungen haben ergeben, dass der Sauerstoffanteil fast die Hälfte – genauer gesagt 47 Prozent – der Erdkruste ausmacht. Könnte man die gesamte Erdkruste in ihre Bestandteile zerlegen, so würde sich also fast die Hälfte davon schlicht und einfach in Luft auflösen!

Quelle: http://www.netzwelt.de

Alle **47** *Minuten nimmt sich in Deutschland ein Mensch das Leben*
Während man allenthalben von den Toten liest, die der Straßenverkehr fordert, spricht kaum jemand über die Zahl der Selbstmordopfer. Dabei bereiteten

allein im Jahr 2002 in Deutschland 8106 Männer und 3057 Frauen ihrem Leben selbst ein Ende, womit fast doppelt so viele Menschen durch Suizid sterben wie durch Auto-, Motorrad- oder Fahrradunfälle. Auf die Zeit umgerechnet, ergibt sich, dass sich in Deutschland alle 47 Minuten ein Mensch das Leben nimmt, und alle 5 Minuten findet ein – zum Glück oft erfolgloser – Selbstmordversuch statt.

Quelle: http://www.medical-tribune.de

Die Zahl **47** *kommt in jeder Folge von* »*StarTrek*« *vor*

In nahezu jeder Folge der beliebten, aus mehreren Staffeln bestehenden Fernsehserie »StarTrek«spielt in irgendeiner Form die Zahl 47 eine Rolle. So werden beispielsweise beim Angriff der Borg 47 Raumschiffe der Sternenflotte zerstört oder erheblich beschädigt; Nachrichten an den Captain werden mit dem Code 47 verschlüsselt; Deanna Troi ist exakt 47 Stunden schwanger; Datas Katze wird mit dem Futterzusatz 47 gefüttert; 47 Prozent des Transportmusters von Scottys Kollegen gehen verloren; um den Mond zu bewegen, muss die Kraft der Impulsmaschinen um mindestens 47 Prozent gesteigert werden; 47 Menschen sterben während des Ghorusda-Desasters; 47 Sicherheitskapseln bewachen die Lysianische Kommandozentrale und so weiter, und so weiter.

Die Liste ließe sich nahezu beliebig fortsetzen. Die Vorliebe für die 47 geht auf einen Insider-Witz im Pomona-

College zurück, das Joe Menosky, einer der Drehbuch-
autoren, besucht hat. Zusammen mit Brannon Braga, einem weiteren Skriptschreiber, dem er von der Macht
der 47 erzählt hat, bringt er die Zahl nun in jede Serien-
folge ein.
Quelle: http://cheatah.net

Im Film »Ein Schweinchen namens Babe« wurde Babe von **48** Ferkeln gespielt

Da Ferkel ausgesprochen schnell wachsen – schneller
jedenfalls, als die Dreharbeiten eines Spielfilms voran-
gehen –, kam man in dem Streifen »Ein Schweinchen
namens Babe« mit einem Hauptdarsteller bei weitem
nicht aus. Tatsächlich benötigte man 48 Ferkel, die alle-
samt vorher mühsam auf ihre Rolle trainiert werden
mussten. Die drei vorkommenden Mäuse wurden von
40 Artgenossen gespielt.
Quelle: http://www.hunde.com

Ein Flusspferd erreicht eine Geschwindigkeit von **48** Stundenkilometer

Obwohl ein Flusspferd – es ist eher mit den Schwei-
nen als mit den Pferden verwandt – ein Gewicht von
über 3 Tonnen erreichen kann, ist es keinesfalls langsam zu Fuß. Vielmehr lässt es, wenn es erforderlich ist,
jeden menschlichen Sprinter locker hinter sich: Während der 100-Meter-Weltrekordler gerade mal 36 Stun-

denkilometer erreicht, bringt es das fette Flusspferd kurzzeitig auf bis zu 48 Sachen und ist damit außerordentlich spurtstark.

Quelle: http://www.natur-lexikon.com

Die Zahl **49** *bestimmt das Geschlecht eines Kindes*

Bei den Azteken war eine angeblich treffsichere Methode verbreitet, das Geschlecht eines Kindes schon bei der Zeugung zu bestimmen. Hierbei spielte die Zahl 49 eine entscheidende Rolle. Ein Beispiel: Im Juni möchte ein Ehepaar, bei dem die Frau 25 Jahre und 8 Monate (aufgerundet 26 Jahre) alt ist, ein Kind zeugen. Dann addiert man den Empfängnismonat Juni (6) zur Zahl 49, also 49 + 6 = 55. Davon zieht man das Alter der Frau ab: 55 – 26 = 29. Jetzt folgt eine Reihe von Subtraktionen, bis man den Bereich der positiven Zahlen ausgeschöpft hat: 29 – 1 = 28 – 2 = 26 – 3 = 23 – 4 = 19 – 5 = 14 – 6 = 8 – 7 = 1. Da das Ergebnis eine ungerade Zahl ist, wird das Kind ein Junge. Gerade Zahlen – beispielsweise bei der Zeugung im Folgemonat Juli – ergeben demnach ein Mädchen.

Quelle: Werner – Lexikon der Numerologie und Zahlenmystik, Köln, 2001

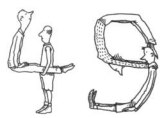

50 *Discobesuche in der Jugend reichen aus, um im Alter 10 Jahre früher schwerhörig zu werden*

Bei jedem Besuch in einer Diskothek, in der die Lautstärke der Musik fast die Schmerzgrenze erreicht, werden Teile des Gehörs unwiederbringlich geschädigt. Das summiert sich derart, dass die Hörfähigkeit immer mehr abnimmt. Wer in seiner Jugend nur 50 Abende in einer Disco verbringt, muss damit rechnen, 10 Jahre früher schwerhörig zu werden als derjenige, der an der Höllenmusik keinen Spaß findet oder bewusst darauf verzichtet.

Quelle: http://www.didaktik.mathematik.uni-wuerzburg.de

Weniger als **50** *Prozent der US-Bürger wissen über die Bewegung der Erde um die Sonne Bescheid*

Den Einwohnern der USA sagt man im Allgemeinen einen nicht allzu hohen Bildungsstand nach. Dass es sich dabei keinesfalls um ein bloßes Vorurteil handelt, beweisen jüngste Erhebungen, nach denen nicht einmal der Hälfte der US-Amerikaner bekannt ist, dass sich die Erde um die Sonne dreht.

Quelle: http://www.w-akten.de

Auf dem Mond läge der Weltrekord im Weitsprung bei **54** *Metern*

Da die Anziehungskraft des Mondes 6-mal geringer ist als die der Erde, könnte ein Mensch dort theoretisch auch 6-mal so weit oder hoch springen. Das bedeutet, dass der Weltrekord im Weitsprung bei über 54 und der im Hochsprung bei etwa 15 Metern läge.

Quelle: Das Super-Buch der erstaunlichen Tatsachen, Stuttgart, 2001

Bei der Verpackung von **56** *Kugeln kommt es zur Wurstkatastrophe*

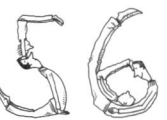

Um Kugeln möglichst platzsparend zu verpacken, kann man sie hintereinander oder in einem Haufen anordnen. Die erste Möglichkeit wird als Wurst-, die zweite als Clusteranordnung bezeichnet. Mathematiker haben berechnet, dass die Wurstverpackung bei bis zu 55 Kugeln vorteilhaft ist, da sie weniger leeren Raum

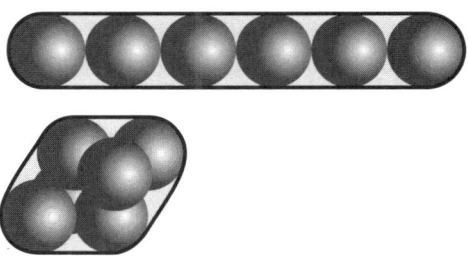

einschließt. Ab der 56. Kugel ändert sich dies: Von nun an ist die Clusterverpackung ökonomischer. Diese Tatsache bezeichnen Mathematiker scherzhaft als »Wurstkatastrophe«.

Quellen: http://Matheplanet.com; http://de.wikipedia.org

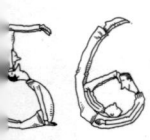

Mit einem einzigen Bleistift kann man eine **56** *Kilometer lange Linie ziehen*

Die Ausdauer von Bleistiftminen ist enorm: Statistiker haben ermittelt, dass man mit einem einzigen Stift rund 45 000 Wörter schreiben kann. Wenn man bedenkt, dass Ernest Hemingway sich früher 800 Wörter pro Tag zum Ziel gesetzt hat, kann man ausrechnen, wie lange er mit einem Stift auskam. Tatsächlich ist die Linie, die man mit ein und demselben Bleistift ziehen kann, 56 Kilometer lang. Da kann kein Kugelschreiber auch nur annähernd mithalten.

Quelle: http://www3.porsche.de

Ein Brillant weist mindestens **57** *Facetten auf*

Ein geschliffener Diamant darf nur dann Brillant genannt werden, wenn er rund ist und mindestens 57 Facetten aufweist: neben der oben gelegenen Deckfläche, der so genannten Tafel, noch 32 weitere auf dem Ober- sowie 24 auf dem Unterteil. Ist er größer als ein halbes Karat, so wird die Spitze abgeplattet, wodurch eine 58. Facette entsteht.

Quellen: http://www.beyars.com; http://www.xs4all.nl

Mit minus **58** *Grad Durchschnitts- temperatur ist Polus Nedostupnosti der kälteste Ort der Erde*

Polus Nedostupnosti liegt im Südosten der Antarktis im so genannten Wilkes Land. Nirgendwo auf der Welt ist es so kalt wie dort, wobei die 58 Minusgrade (genau genommen sind es minus 57,8 Grad) wohlgemerkt die Durchschnittstemperatur darstellen. An einzelnen Tagen kann es durchaus noch wesentlich kälter werden: bis zu minus 80 Grad Celsius. Verständlich, dass an diesem unwirtlichen Ort keine Menschen leben.

Quelle: http://www.meteoschweiz.ch

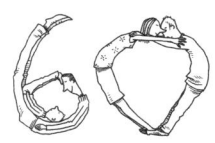

*Zum Teil benutzen wir noch das babylonische Zahlensystem, das auf der Zahl **60** beruht*

Unser Zahlensystem, das als Dezimal- oder dekadisches System bezeichnet wird und auf der Zahl 10 beruht, ist nicht das einzige, mit dem sich rechnen lässt. Die alten Chinesen, Sumerer und Babylonier benutzten das so genannte Sexagesimalsystem, dessen wichtigste Zahl die 60 ist. Darauf baut auch der chinesische Kalender auf, wobei das Jahr seiner Erfindung durch Kaiser Huangdi als Ausgangspunkt herangezogen wird. Auch bei uns findet man Reste dieses Systems: die 60 Sekunden einer Minute, die 60 Minuten einer Stunde, die 360-Grad-Einteilung eines Kreises, wobei jeder Winkelgrad wiederum in 60 Minuten zu je 60 Sekunden eingeteilt wird, das Dutzend (12) und den Schock (5 Dutzend = 60).

Quelle: Duden – 100 000 Tatsachen, Mannheim, 2001;

*Im Körper eines bestimmten Wurms herrscht eine Temperaturdifferenz von **60** Grad*

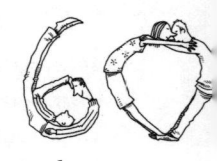

Es handelt sich um einen etwa 10 Zentimeter langen Röhrenwurm namens Alvinella, der am Rand heißer Tiefseequellen lebt, wo Temperaturen bis zu 80 Grad herrschen. Diese hält er mit seinem in der Wohnröhre hängenden Schwanz locker aus, während der vorne herausragende Kopf von nur etwa 20 Grad warmem Wasser umströmt wird. Das bedeutet, dass im Körper des Wurms zwischen Vorder- und Hinterende die unglaubliche Temperaturdifferenz von 60 Grad herrscht! Nach bisherigem Erkenntnisstand ist Alvinella damit das hitzetoleranteste vielzellige Lebewesen. Darüber, wie der Wurm es schafft, bei diesen extremen Bedingungen zu überleben, streiten sich die Gelehrten noch.

Quellen: Bryson – Eine kurze Geschichte von fast allem, München, 2004; http://www.g-o.de

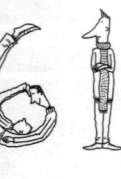

*Alle **61** Monate tauchen angeblich vermehrt Ufos auf*

Immer wieder liest und hört man von Ufos – unbekannten Flugobjekten, die Menschen überall auf der Welt gesehen haben wollen. Interessanterweise gibt es Zyklen der Ufo-Sichtungen: Alle 61 Monate ist besonders viel Ufo-Alarm. Über den Grund kann man nur spekulieren. Die Gläubigen sehen darin eher Hinweise auf den Fahrplan der Außerirdischen; manche Skeptiker verweisen auf die durchschnittliche Amtszeit von

Chefredakteuren der Boulevardpresse: Wenn ein neuer kommt, will er – als Innovation – immer erst einmal eine Ufo-Geschichte im Blatt sehen.

Quelle: http://www.ashtar-linara.de

Ein Mensch besteht zu **63** Prozent aus Sauerstoff

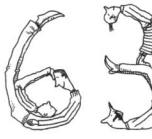

Sauerstoff ist das Element, das im Körper eines Menschen mit 63 Gewichts-Prozent am stärksten vertreten ist. An zweiter Stelle folgt Kohlenstoff mit 20 und an dritter Wasserstoff mit rund 10 Prozent. Umgerechnet auf einen 70 Kilo schweren Menschen bedeutet das, dass er 44 Kilo Sauerstoff, 14 Kilo Kohlenstoff und 7 Kilo Wasserstoff enthält.

Quelle: Flindt – Biologie in Zahlen, Heidelberg, 2000

In **63** Ländern der Erde herrscht Linksverkehr

Obwohl in der Vergangenheit etliche Länder der Erde von Links- auf Rechtsverkehr umgestellt haben, gibt es immer noch 63 Nationen, in denen auf der Straße links gefahren wird. Unter anderem sind das Kenia, Mosambik, Uganda, die Bahamas, Jamaika, Hongkong, Indien, Japan, Pakistan, Sri Lanka, Thailand, Australien, Neuseeland und in Europa Großbritannien, Irland, Malta, Zypern und Gibraltar.

Quelle: http://de.wikipedia.org

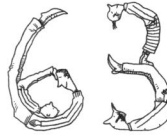

101

*Mit dem Wasser des Amazonas könnte jeder Mensch alle **65** Minuten ein Vollbad nehmen*

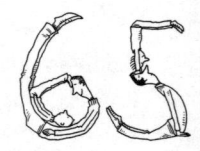

Minute für Minute strömen aus dem brasilianischen Amazonas 105 Millionen Hektoliter Wasser ins Meer. Das ist eine derart gewaltige Menge, dass damit jeder Mensch dieser Erde – immerhin mehr als 6 Milliarden! – alle 65 Minuten ein Vollbad mit 120 Liter Wasser nehmen könnte.

Quelle: Ash – 1001 Zahlen, Fakten, Rekorde, Würzburg, 1999

*In Lourdes gab es bis heute **66** anerkannte Wunderheilungen*

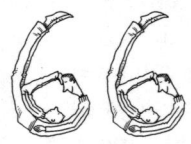

Am 11. Februar 1858 erschien dem Bauernmädchen Bernadette Soubirous in der Höhle des schwarzen Felsens von Massabielle eine »schöne Dame«, die sie aufforderte, im Boden nach Wasser zu graben und für die Sünder zu beten. Dabei entdeckte Bernadette diese die Gnadenquelle von Lourdes. Seitdem pilgern jedes Jahr mehr als 5 Millionen Menschen zu dem kleinen Ort in den südfranzösischen Pyrenäen und beten um Genesung an Leib und Seele. Im Lauf der Jahre wurde von mehr als 500 wundersamen Heilungen oder zumindest Linderungen aller möglichen Gebrechen berichtet. Doch nur 66 – von denen 48 auf den Kontakt mit dem Quellwasser zurückzuführen sind – wurden offiziell als Wunderheilung anerkannt. Das letzte derartige Ereignis fand 1993 statt: Ein an Multipler Sklerose erkrankter

und weitgehend gelähmter Franzose soll sich seit einer Lourdeswallfahrt wieder normal bewegen können.

Quellen: http://www.lourdesbruecke.de;
http://www.kmba.de

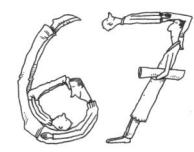

Der tiefstgelegene Golfplatz der Erde liegt **67** Meter unter dem Meeresspiegel

Er befindet sich im Death Valley in Kalifornien, heißt bezeichnenderweise »Devil's Golf Course« und ist der einzige Golfplatz der Welt, der unter Meeresspiegelniveau liegt.

Quelle: http://www.westkueste-usa.de

Agatha Christie schrieb **67** Kriminalromane

Jeder kennt Agatha Christie und ihre berühmten Krimihelden, allen voran den spleenigen Detektiv Hercule Poirot und die »alte Jungfer« Miss Marple. Ihren ersten Roman schrieb sie während des Ersten Weltkriegs als Schwester in einem Lazarett. Als sie 1976 86-jährig starb, hinterließ sie 67 Krimis, von denen etliche – zum Beispiel »Mord im Orientexpress«, »Mord im Pfarrhaus« und »Zehn kleine Negerlein« – weltberühmt wurden.

Quelle: http://www.toms-krimitreff.de

68 *Prozent der Männer sehen einer fremden Frau zuerst ins Gesicht*

Viele Frauen sind davon überzeugt, dass ein Mann ihnen grundsätzlich zuerst auf den Busen blicke. Das aber trifft nicht zu – jedenfalls wenn man den Herren der Schöpfung glaubt, die sich gegenüber dem Männermagazin »GQ« geäußert haben. Demnach ist für 68 Prozent das Gesicht einer Frau der Blickfang Nummer eins. Erst an zweiter Stelle rangiert dann der Busen, gefolgt von Po und Beinen.

Quelle: Brater – Lexikon der Sexirrtümer, Frankfurt, 2003

Eine einzige Frau kann **69** *Kinder gebären*

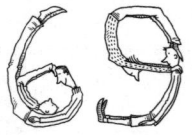

Ende des 18. Jahrhunderts hat eine russische Bäuerin, über deren Gebärfreudigkeit das Kloster Mikolskaja berichtete, sage und schreibe 69 Kindern das Leben geschenkt: 27-mal war sie schwanger und gebar dabei 16-mal Zwillinge, 7-mal Drillinge und sogar 4-mal Vierlinge. Damit übertraf sie eine heute noch lebende Chilenin ganz erheblich, die mit 55 ihr letztes von 55 Kindern bekam.

Quelle: http://www.twinmedia.ch

Jeden Tag sterben **70** *Fischer*

Kein anderer Beruf fordert so viele Todesopfer wie der des Fischers, den weltweit etwa 15 Millionen Menschen ausüben. Tag für Tag kehren durchschnittlich 70 von ihnen nicht mehr lebend von ihrer Fangfahrt zurück (wobei sogar mit einer noch weitaus höheren Dunkelziffer zu rechnen ist). Damit ist der Beruf des Fischers laut einer UN-Studie der gefährlichste überhaupt. Ein Grund für die hohe Unfallrate dürfte darin liegen, dass sich viele Fischer wegen der fast leer gefischten Küstengewässer weiter aufs Meer hinauswagen, als es ihre Boote und seemännischen Kenntnisse zulassen.

Quelle: http://www.greenpeace-magazin.de

Die alten Ägypter benötigten zum Mumifizieren einer Leiche **70** Tage

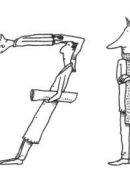

Dass die alten Ägypter Leichen durch Mumifizieren haltbar machten und vor dem Verwesen schützten, ist allgemein bekannt. Doch kaum jemand hat eine Vorstellung davon, wie mühsam und zeitaufwändig das Ganze war. Nachdem die Eingeweide entfernt waren, wurden die Leichen mit diversen Substanzen gereinigt und mit aromatischen und fäulnishemmenden Stoffen aufgefüllt – eine Prozedur, die mehr als zwei Monate in Anspruch nahm.

Quellen: http://www.calsky.com; http://www.lexonia.de

Die dritte Potenz von **71** kann man sich überraschend leicht merken

Zugegeben, man braucht sie nicht sehr oft, die dritte Potenz von 71, also das Ergebnis der Multiplikation $71 \times 71 \times 71$. Sollte man jedoch einmal in die Verlegenheit kommen, sie zu benötigen, so muss man nicht lange rechnen, sondern braucht nur die ungeraden Zahlen von 3 bis 11 nebeneinander zu schreiben: $71^3 = 357\,911$. So einfach ist das.

Quelle: Hartston – Das Lexikon der Zahlen, München, 1999

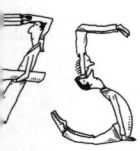

Ein ruhender Mensch verbraucht so viel Energie wie eine 75-Watt-Glühbirne

Den Energieverbrauch eines Menschen bei völliger körperlicher Ruhe bezeichnet man als »Grundumsatz«. Dieser beträgt bei einem erwachsenen Mann etwa 4 Kilojoule pro Kilo Körpergewicht und Stunde, was einen Tageswert von rund 7000 Kilojoule ergibt. Das entspricht in etwa dem täglichen Energieverbrauch einer Glühbirne von 75 Watt. Ohne körperliche Aktivität verbraucht man also nur sehr wenig Energie , so dass man auf diese Weise nur sehr schwer abnimmt, selbst wenn man kaum etwas isst.

Quelle: Campbell, Reece – Biologie, Heidelberg, 2003

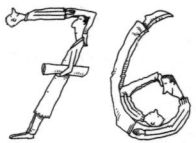

Der Halleysche Komet kehrt durchschnittlich alle 76 Jahre wieder

Der berühmte Halleysche Komet wurde nach dem Physiker Edmond Halley benannt, der sich um die Berechnung der Kometenbahnen verdient gemacht hatte und 1720 königlicher Astronom und Leiter der Sternwarte Greenwich wurde. Im Jahr 1682 hatte Halley den Kometen bei seinem Vorbeiflug an der Erde beob-

achtet und ihn als denjenigen Himmelskörper identifi-
ziert, der bereits 1531 und 1607 gesehen worden war.
Daraus schloss er auf die Wiederkehr, die er für 1757
voraussagte.

Tatsächlich erschien der Komet erst zwei Jahre später,
woran Anziehungskräfte anderer Planeten schuld waren. Dann tauchte er planmäßig im Jahr 1835 wieder
auf, und 1910 wurde sein Erscheinen sogar auf zwei
Tage genau vorausberechnet. Da er 1986 und damit
76 Jahre nach seinem letzten Vorbeiflug erneut beobachtet wurde, darf man annehmen, dass er im Jahr 2062
wiederkehren wird.

Quellen: http://www.wappswelt.de; http://solarsystem.dlr.de

Verkürzt man die Geschichte
der Erde auf einen einzigen Tag,
so tauchen die Menschen
*erst **77** Sekunden vor Mitternacht auf*

Das Alter der Erde beträgt nach aktueller Auffassung
rund 4,5 Milliarden Jahre. Stellt man sich diese ungeheure Zeitspanne auf einen einzigen Tag verkürzt vor,
so beginnt das Leben um 4 Uhr morgens mit dem Auftreten der ersten Einzeller. Die nächsten 16 Stunden
passiert dann so gut wie gar nichts; erst um halb neun
abends, wenn der Tag schon zur Neige geht, erscheinen
die ersten Meerespflanzen. An Land wachsen Pflanzen
erst eineinhalb Stunden später, nämlich gegen 22 Uhr;
und kurz darauf sind die ersten Landtiere zu sehen.
Nach einer zehnminütigen Phase wärmeren Wetters

fliegen die ersten Insekten umher; anschließend – gegen 23 Uhr und damit nicht lange vor Mitternacht – bevölkert sich die Erde mit riesigen Dinosauriern, die rund 40 Minuten bleiben und dann wieder verschwinden. Um 20 Minuten vor 24 Uhr beginnt die Zeit der Säugetiere, und ganz zum Schluss – 77 Sekunden vor Tagesablauf – erscheinen endlich auch wir Menschen auf der Bildfläche.

Quelle: Bryson – Eine kurze Geschichte von fast allem, München, 2004

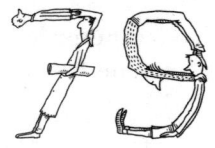

Frauen erhalten für dieselbe Arbeit nur **79** *Prozent des Männerverdienstes*

Auch wenn sich die Verhältnisse angeblich gebessert haben und die Gleichstellung von Mann und Frau kontinuierlich Fortschritte macht, bleibt es eine unbestreitbare Tatsache, dass Frauen für dieselbe Tätigkeit weniger Geld bekommen als Männer. So erhielten vollzeitbeschäftigte Arbeitnehmerinnen im produzierenden Gewerbe sowie in Handel, Kredit- und Versicherungswesen Deutschlands im Jahr 2002 mit durchschnittlich 2294 Euro brutto nur 79 Prozent des Gehalts ihrer männlichen Kollegen. Nach Ansicht des Statistischen Bundesamtes beruhen die Verdienstunterschiede unter anderem darauf, dass Frauen häufiger als Männer relativ anspruchslose und daher geringer entlohnte Arbeiten verrichten und dass der Anteil der weiblichen Arbeitnehmer in Wirtschaftszweigen mit vergleichsweise niedrigen Verdiensten wie dem Einzelhandel besonders hoch ist.

Quelle: Harenberg-Lexikon – Aktuell 2003, Dortmund, 2002

Die Gesamtwurzellänge einer Getreidepflanze beträgt **80** *Kilometer*

Wenn eine Getreidepflanze – Weizen, Roggen, Gerste oder Hafer – allein steht, bildet sie ein außerordentlich verzweigtes Wurzelsystem, mit dem sie sich im Boden festhält, vor allem jedoch Wasser und Nährstoffe aus dem Untergrund saugt. Die Wurzel breitet sich dabei über eine Fläche von 4 bis 5 Quadratmetern aus und, wird, wenn man sämtliche Ausläufer mitrechnet, insgesamt etwa 80 Kilometer lang!

Quelle: Linder – Biologie, Hannover, 1998

Ein Mensch weint in seinem Leben etwa **80** *Liter Tränen*

Die Tränendrüsen der Augen produzieren ständig Flüssigkeit, mit denen die Linse befeuchtet und gereinigt wird. Fliegt ein Staubkorn ins Auge, so erhöhen die Drüsen kurzerhand ihren Ausstoß, und der Fremdkörper wird weggeschwemmt. Und dann ist da noch das Weinen, bei dem auch eine ganze Menge Flüssigkeit im Spiel ist. Alles in allem vergießen wir in unserem Leben rund 80 Liter Tränen – genug, um damit eine kleinere Badewanne zu füllen.

Quelle: http://www.geo.de

Auf **80** *Nationalflaggen finden sich Sterne*

Der Stern ist auf den Flaggen der diversen Nationen das am häufigsten verwendete Symbol – am bekanntesten ist sicher das »Sternenbanner« der USA. Insgesamt findet man auf 80 Nationalflaggen Sterne. Auf 65 Flaggen sind diese fünfzackig, auf fünf sechszackig und auf drei siebenzackig. Nur sechs Staaten haben Sterne mit mehr als sieben Zacken auf ihrer Flagge, und nur ein einziger – die Karibik-Insel Aruba – begnügt sich mit vier Zacken. Die meisten Sterne, nämlich 50 (für jeden Bundesstaat einer), befinden sich auf der Flagge der USA, 22 auf der brasilianischen und 15 auf derjenigen der Cook-Inseln.

Quelle: http://www.flaggenkunde.de

Ein Mensch verliert täglich etwa **80** *Haare*

Mit rund 150 000 Haaren ist die Kopfhaut eines blonden Menschen deutlich dichter bewachsen als die eines braunhaarigen mit etwa 110 000, eines schwarzhaarigen mit circa 100 000 oder gar eines rothaarigen mit nur 90 000. Hinzu kommen noch durchschnittlich 25 000 Körperhaare, 420 Wimpern und 600 Haare in den Augenbrauen. Bei diesen Mengen spielt der normale tägliche Verlust von ungefähr 80 Haaren keine mess- oder fühlbare Rolle.

Quellen: Flindt – Biologie in Zahlen, Heidelberg, 2000;
http://library.thinkquest.org

Jeder Deutsche ist täglich
81 *Minuten unterwegs*

Im Durchschnitt ist jeder Deutsche Tag für Tag fast eineinhalb Stunden unterwegs, sei es zu Fuß, mit dem Fahrrad, dem Auto, dem Motorrad oder mit öffentlichen Verkehrsmitteln. Das wichtigste Fortbewegungsmittel ist das Auto oder Motorrad, das täglich von 65 Prozent der Männer und von 57 Prozent der Frauen bewegt wird, wohingegen Busse oder Bahnen nur von rund 15 und Fahrräder sogar von nur 11 Prozent der Bevölkerung genutzt werden. Immerhin ein Drittel der Menschen – Frauen etwas mehr als Männer – über zehn Jahre geht wenigstens einmal pro Tag zu Fuß. Erstaunlicherweise sind es nicht dienstliche Wege, sondern Erledigungen für Haushalt und Familie, deretwegen die Deutschen am häufigsten, nämlich in 46 Prozent der Fälle, das Haus verlassen, dicht gefolgt von Freizeitaktivitäten mit 40 Prozent.

Quelle: http://www.sueddeutsche.de

83 *Prozent aller vom Blitz getroffenen Menschen sind Männer*

Dass nicht einmal ein Fünftel der vom Blitz getroffenen Personen Frauen sind, liegt daran, dass sich Männer durchschnittlich viel häufiger im Freien aufhalten als Frauen, dass sie die gefährlicheren Arbeiten verrichten, aber auch riskantere Freizeitaktivitäten bevorzugen, wie Bergsteigen und Golf spielen.

Quellen: http://www.blitzschutz.com; http://www.tv-orf.at

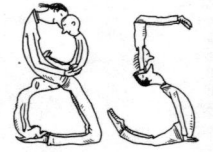

Bei durchschnittlich jeder **85.** *Geburt kommen Zwillinge zur Welt*

In Mitteleuropa beträgt die Häufigkeit von Zwillingsgeburten etwa 1:85, wobei in rund zwei Drittel der Fälle zweieiige und in einem Drittel eineiige Zwillinge zur Welt kommen. Abgesehen davon, dass die Wahrscheinlichkeit, gleich zwei Kinder auf einmal zu gebären, durch eine Hormonbehandlung deutlich erhöht werden kann, gibt es Familien, die für dieses Ereignis eine besondere genetische Veranlagung haben, sodass bei ihnen Zwillinge weitaus häufiger als im statistischen Durchschnitt vorkommen.

Besagter Durchschnitt ist jedoch bei weitem nicht in allen Ländern der Erde gleich: In Europa beobachtet man eine Abnahme von Zwillingsgeburten von Nord nach Süd, wobei vor allem Finnland durch eine besonders hohe Rate auffällt. Und während in Japan nur bei jeder 200. Geburt Zwillinge auf die Welt kommen, schenkt in der afrikanischen Bevölkerung, speziell in Nigeria, jede vierte schwangere Frau zwei Kindern auf einmal das Leben.

Quellen: http://de.wikipedia.org; http://www.brockhaus-multimedial.de

Die Trottellumme kann bis zu **87** *Meter tief tauchen*

Trottellummen sind Schwimmvögel, die ausgesprochen schlechte Flieger, dafür aber umso bessere Taucher sind. Sie ernähren sich von Fischen, die sie unter

Wasser verfolgen, wobei sie sich mit ihren Flügeln vorwärts bewegen. Bei diesen Tauchgängen erreichen sie
nicht selten erstaunliche Tiefen, und so überrascht es
nicht, dass eine Trottellumme den Rekord im Tieftau-
chen mit sage und schreibe 87 gemessenen Metern hält.

Quellen: Duden – 100 000 Tatsachen, Mannheim, 2001;
http://www.vox.de

Ein Konzertflügel hat **88** *Tasten*

Davon sind 52 weiß und 36 schwarz. Der Tonumfang
reicht vom Subkontra-A bis zum fünfgestrichenen C.

Quelle: http://www.weldert.de

Es gibt **88** *Sternbilder*

Die moderne Astronomie kennt heute 88 Sternbilder,
von denen der Große Wagen das bekannteste sein
dürfte. Daneben können die meisten Menschen die 12
Sternbilder der Tierkreiszeichen benennen, ohne allerdings in der Lage zu sein, sie am Himmel zu finden.
Sternbilder haben oft Namen aus der griechischen Antike, wo man die Götter und Heldengestalten mit verschiedenen Sternformationen in Verbindung brachte.
Bekannt sind unter anderem »Kassiopeia«, »Zwillinge«,
»Leier«, »Orion« und am südlichen Nachthimmel das
»Kreuz des Südens«.

Quelle: http://www.maa.mhn.de

*Ein Aal kann **88** Jahre alt werden*

Eine Bochumer Familie hält in der Badewanne einen Aal namens Aalfred, den der Familienvater im Jahr 1969 geangelt hat. Er hat also weit mehr als 30 Jahre auf dem Buckel, und es ist damit zu rechnen, dass er noch erheblich älter wird, denn der älteste Aal, über dessen Leben es Aufzeichnungen gibt, hat das beachtliche Alter von 88 Jahren erreicht.

Quelle: http://www.wdr.de

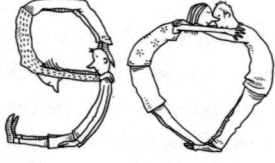

*Bambus wächst pro Tag bis zu **90** Zentimeter*

Bambus ist die am schnellsten wachsende Pflanze der Erde: Unter günstigen Bedingungen – anhaltend feuchte Wärme – legt sie an einem einzigen Tag 90 Zentimeter zu und erreicht nach etwas mehr als drei Monaten eine Höhe von über 20 Metern. Da die Bambuspflanze nach dem Ernten der reifen Stangen nicht abstirbt, sondern immer wieder neue Triebe hervorbringt, ist Bambus mit seiner rasanten Längenzunahme ein idealer nachwachsender Rohstoff.

Quelle: http://www.zhong-qiao.de

*Ein Kolibri schlägt pro Sekunde **90**-mal mit den Flügeln*

Als einziger Vogel ist der Kolibri in der Lage, sowohl vorwärts als auch rückwärts zu fliegen und wie ein Hubschrauber in der Luft stehen zu bleiben. Um dieses

Kunststück zu bewerkstelligen, muss er seine Flügel außerordentlich schnell auf und ab bewegen: Bis zu 90 Flügelschläge – bei Hochzeitsflügen sogar fast 200 – macht er in der Sekunde und kann dabei eine Höchstgeschwindigkeit von 100 Stundenkilometer erreichen.

Quelle: http://www.einsamer-schuetze.com

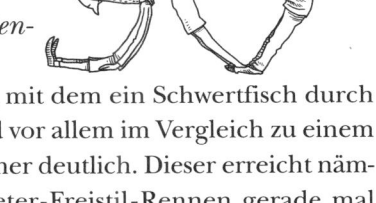

Schwertfische schwimmen **90** *Stundenkilometer schnell*

Das enorme Tempo, mit dem ein Schwertfisch durch das Wasser schießt, wird vor allem im Vergleich zu einem menschlichen Schwimmer deutlich. Dieser erreicht nämlich bei einem 100-Meter-Freistil-Rennen gerade mal 7 Stundenkilometer, also nicht einmal ein Zehntel der Geschwindigkeit des Meeresbewohners.

Quelle: Flindt – Biologie in Zahlen, Heidelberg, 2000

90 *Prozent der deutschen Geldscheine enthalten Spuren von Kokain*

Wissenschaftler am Institut für biomedizinische und pharmazeutische Forschung in Nürnberg haben auf neun von zehn Euroscheinen Spuren von Kokain gefunden. Verantwortlich dafür sind Rauschgift-Konsumenten, die gerollte Geldscheine benutzen, um die Droge durch die Nase zu schnupfen. Bemerkenswert ist die Tatsache, dass hinsichtlich der Kokainbelastung der

Banknoten deutliche regionale Unterschiede bestehen: Am meisten gekokst wird in Hannover, an zweiter Stelle folgt Berlin und an dritter Kiel, während die Geldscheine in der Schickeria-Metropole München überraschend sauber sind.

Quellen: http://www.solulsaver.de; http://zeus.zeit.de

*Die Erbsubstanz eines einzigen Menschen ist mindestens **90**-mal so lang wie die kürzeste Strecke von der Erde zur Venus*

In jeder einzelnen Körperzelle – genauer gesagt in jedem Zellkern – befinden sich 46 Chromosomen, die die komplette Erbinformation enthalten. Diese liegt auf einer strangförmigen, zu Knäueln aufgerollten Substanz, deren komplizierten Namen »Desoxyribonukleinsäure« man gemeinhin mit DNA abkürzt (das A steht für das englische Wort »acid« = Säure). Könnte man die Knäuel abrollen und die gesamte DNA einer Zelle zu einem Faden strecken, so würde dieser die schier unglaubliche Länge von etwa 2 Metern erreichen. Bei den Billionen von Zellen, aus denen unser Körper besteht, ergäbe das eine Gesamtstranglänge, die mindestens 90-mal von der Erde zur Venus reichen würde (wenn die Venus der Erde gerade am nächsten ist). Die Breite dieses DNA-Fadens beträgt übrigens ganze zwei Nanometer (2×10^{-9} Meter).

Quelle: Bublath – Das Geheimnis des Lebens, Wien, 1994

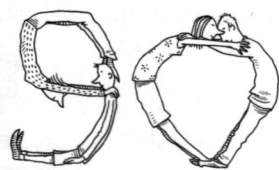

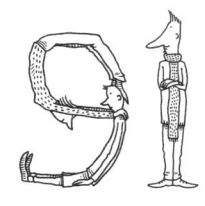

Mit einem Intelligenzquotienten von 91
ist George W. Bush der am wenigsten
kluge republikanische Präsident
der letzten 50 Jahre

Im Durchschnitt wiesen die letzten sechs republikanischen US-Präsidenten einen IQ von 115,5 Punkten auf, wobei Richard Nixon mit 155 der Spitzenreiter war. Das Schlusslicht bildet der momentane Präsident George W. Bush mit dem recht bescheidenen Wert von 91. Dagegen erfreuten sich die letzten sechs demokratischen Amtsinhaber eines durchschnittlichen Intelligenzquotienten von 156. Der schlechteste von ihnen war Lyndon B. Johnson mit 126, der beste Bill Clinton mit 182 Punkten.

Quelle: www.erkennedich.com

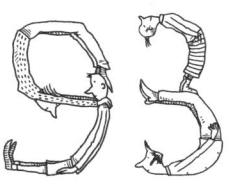

Das Ford Modell T wurde
auf dem Fließband
in 93 Minuten zusammengebaut

Bis 1913 wurden die Ford-Modell-T-Autos wie andere Modelle auch Stück für Stück aus Stapeln von Teilen auf einem Bock von Hand zusammengebaut. Das nahm pro Fahrzeug mehr als 12 Stunden in Anspruch. Nach der Einführung des ersten Fließbandes konnte die Montagezeit auf für damalige Zeiten sensationelle 93 Minuten gedrückt werden. Das kam nicht zuletzt auch den Konsumenten zugute: Hatte der Ford T vor der Fließbandära noch 850 Dollar gekostet, so sank der Preis infolge der Rationalisierungsmaßnahmen 1913 auf 500, 1915 auf 390 und 1925 gar auf 260 Dollar. Damit konnten sich endlich auch amerikanische Durchschnittsfamilien ein Auto leisten.

Quelle: http://www.geschichte.2me.net

»*Dallas*« *wurde in* **96** *Ländern ausgestrahlt*

Schon lange macht man sich in vielen Ländern nicht mehr die Mühe, den größten Teil des Fernsehprogramms selbst zu produzieren. Stattdessen kauft man erfolgreiche Produktionen aus dem Ausland ein. Vor diesem Hintergrund mag es nicht mehr ganz so erstaunlich sein, dass die amerikanische Serie »Dallas« in 96 Ländern ausgestrahlt wurde. Das ist allerdings noch kein Rekord. »Unsere kleine Farm« war in 110 Ländern dieser Welt zu sehen.

Quelle: http://www.a-site.at

97 *Prozent des Wassers auf der Erde ist salzig*

Die Oberfläche der Erde ist zu 71 Prozent, also fast zu drei Vierteln, mit Wasser bedeckt. Obwohl es extrem lange und breite Flüsse wie Amazonas, Mississippi und Nil sowie riesige Binnenseen wie den Baikalsee und die Großen Seen in Nordamerika gibt, macht das Süßwasser, auf das alles irdische Leben angewiesen ist, gerade mal 0,0001 Prozent des weltweit vorkommenden Wassers aus (wobei das in Wolkenform vorkommende Süßwasser nicht mitgerechnet ist). Weitere 0,625 Prozent sind Grundwasser, und in Gletschern und Packeis sind 2,15 Prozent gebunden. (Dieses Eis bildet in der Antarktis eine fast drei Kilometer dicke Schicht und ließe in geschmolzenem Zustand den globalen Meeresspiegel um 60 Meter ansteigen.)

Der absolute Löwenanteil entfällt jedoch mit 97,2 Prozent auf die Ozeane und damit auf Salzwasser. Würde man damit eine Badewanne nach der anderen füllen, so kämen auf jede Wanne voll Meerwasser nicht einmal ein viertel Teelöffel Süßwasser aus Flüssen und Seen.

Quellen: Spencer – Das Buch der Zahlen,
München, 2002; Bryson – Eine kurze Geschichte
von fast allem, München, 2004

98 *Prozent dessen, was wir wahrnehmen, wird uns nicht bewusst*

Wissenschaftler haben errechnet, dass unser Gehirn jede Sekunde mit rund 100 000 Impulsen geradezu bombardiert wird. Drängten all diese Wahrnehmungen in unser Bewusstsein, würden wir als Folge der permanenten Reizüberflutung verrückt.

Da ist es schon sehr sinnvoll, dass uns kaum mehr als zwei Prozent dessen, was wir ständig an Informationen aufnehmen, bewusst werden, während das Gehirn die übrigen 98 Prozent verarbeitet, ohne dass wir davon auch nur das Geringste mitbekommen. Nur solche Informationen erregen unsere Aufmerksamkeit, die unseren Erwartungen widersprechen, also bei uns eine Überraschung auslösen, aber auch solche, die neu oder sehr kompliziert sind oder im Zusammenhang mit unerwarteten Widerständen auftreten.

Quellen: Brater – Lexikon der rätselhaften Körpervorgänge, Frankfurt 2002; http://www.lernstoerung.de

Mensch und Affe haben mehr als 99 Prozent der Gene gemeinsam

Wie viele Erbanlagen ein Mensch genau besitzt, ist noch nicht vollkommen geklärt; die Wissenschaftler gehen von einer Zahl zwischen 40 000 und 80 000 aus. Unbestritten ist jedoch, dass die Gene eines Menschenaffen mit den unsrigen fast vollkommen identisch sind. Gerade einmal ein knappes Prozent unserer Erbanlagen ist für die körperlichen und geistigen Unterschiede zwischen uns und unseren nächsten Verwandten verantwortlich.

Wenn schon zwischen Mensch und Affe derart geringe Abweichungen bestehen, wie groß muss dann erst die Übereinstimmung zwischen zwei Angehörigen der Art Homo sapiens sein? Tatsächlich sind die Gene zweier beliebiger gleichgeschlechtlicher Erdenbürger – in welchem Land und unter welchen Umständen sie auch immer leben – zu sage und schreibe etwa 99,9 Prozent identisch! Das bedeutet, dass wir uns von unseren Freunden und Bekannten, aber auch von einem australischen Ureinwohner oder einem Eskimo in Alaska in nicht mehr als 0,1 Prozent der vererbten Eigenschaften unterscheiden. Dieser minimale Anteil genügt, damit es auf der Welt – abgesehen von eineiigen Zwillingen –

keine zwei Personen gibt, die sich vollkommen gleichen.

Quellen: Bublath – Das Geheimnis des Lebens, Wien, 1994;
Campbell, Reece – Biologie, Heidelberg, 2003

Abraham wurde mit **99** Jahren beschnitten

Im 1. Buch Mose, Kapitel 17 heißt es: »Abraham war
99 Jahre alt, als er am Fleisch seiner Vorhaut beschnitten wurde«. Kurz darauf zeugte er mit seiner 90-jähri-
gen Frau Sara seinen Sohn Isaak, der seinerseits bereits
im zarten Alter von 8 Tagen beschnitten wurde.

Quelle: http://www.mm.seminar-sindelfingen.de

Kalkutta liegt **100** Kilometer vom Ganges entfernt

Zwar heißt es in einem bekannten Schlager »Kalkutta
liegt am Ganges, Paris liegt an der Seine«, doch korrekt
ist diese Feststellung nur im Fall von Paris. Die französische Hauptstadt liegt nämlich tatsächlich unmittelbar
an der Seine, das heißt, sie wird von ihr durchflossen.
Dagegen strömt der Ganges ein beträchtliches Stück –
genauer gesagt etwa 100 Kilometer – an Kalkutta vorbei.
Mit vergleichbarer geographischer (Un)Genauigkeit
könnte man behaupten, Köln läge an der Mosel oder
Hamburg an der Nordsee.

Quelle: http://www.w-akten.de

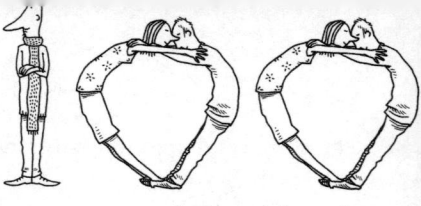

*Jede Sekunde blitzt es
weltweit etwa **100**-mal*

Aus etwa 44 000 Gewitterzentren entladen sich auf der Erde Tag für Tag 8 Millionen Blitze. Das bedeutet, dass es jede Sekunde rund 100-mal irgendwo blitzt. Im Extremfall kann ein solcher Blitz eine Stromstärke von 200 000 Ampere erreichen; die darin enthaltene Energie würde ausreichen, den Ozeanriesen »Queen Elizabeth II« 60 Zentimeter in die Höhe zu heben.

Quelle: http://www.kaminek.at

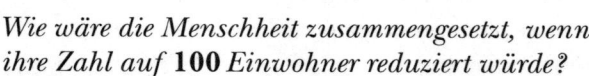

*Wie wäre die Menschheit zusammengesetzt, wenn
ihre Zahl auf **100** Einwohner reduziert würde?*

Würde man die ganze Menschheit auf ein Dorf von 100 Einwohnern reduzieren, dabei aber die Proportionen der bestehenden Völker beibehalten, so würde sich die Dorfbevölkerung folgendermaßen zusammensetzen:

57 Asiaten

21 Europäer

14 Nord- und Südamerikaner

 8 Afrikaner

52 Frauen / 48 Männer

70 Nichtweiße / 30 Weiße

70 Nichtchristen / 30 Christen

89 Heterosexuelle / 11 Homosexuelle

Bemerkenswert ist zudem, dass nur 6 Einwohner 59 Prozent des gesamten Vermögens besäßen und dass diese 6 samt und sonders zu den Nordamerikanern gehören würden. 80 Dorfbewohner hätten keine ausreichenden Wohnverhältnisse, 70 wären Analphabeten und 50 – also jeder zweite (!) – wären unterernährt.

Quelle: http://www.funfocus.net

*Kakadus können **100** Jahre alt werden*

Wer mit dem Gedanken spielt, sich einen Kakadu – einen einfarbigen Papagei mit gewaltigem Schnabel – zuzulegen, sollte sich schon einmal überlegen, wie er den Verbleib des Vogels testamentarisch regelt: In Gefangenschaft können Kakadus nämlich bis zu 100 Jahre alt werden.

Quellen: Flindt – Biologie in Zahlen, Heidelberg, 2000; http://www.kindernetz.de

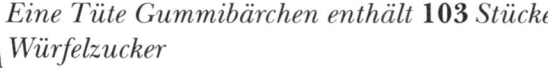

*Eine Tüte Gummibärchen enthält **103** Stücke Würfelzucker*

Dass viele Genussmittel Zucker enthalten, ist kein Geheimnis. Was überrascht, ist die Menge. Nicht etwa Schokolade – davon enthält eine Tafel umgerechnet rund 19 Zuckerwürfel – liegt hier an der Spitze, sondern die gar nicht einmal so süß schmeckenden Gummibärchen: In einer einzigen Tüte findet sich die Zuckermenge von 103 Würfeln! Aber auch Nutella (74 Stücke),

Kellogg's-Smacks (82 Stücke) und Marmelade (95 Stücke) bestehen zu einem großen Teil aus Zucker. Ernährungs-wissenschaftler haben ermittelt, dass ein Erwachsener jeden Tag im Durchschnitt die Zuckermenge von 28 und ein Kind sogar von 53 Würfeln verzehrt. Kein Wunder, dass so viele von uns Probleme mit dem Gewicht haben!

Quelle: http://www.goodlife2000-gheimtipp.com

Es gibt Lebewesen, die sich bei 113 Grad Celsius wohl fühlen

Derartige Lebewesen bezeichnet man als »Hyper-thermophile«, was so viel wie »äußerst Wärmeliebende« bedeutet. Der hitzebeständigste bisher entdeckte Organismus ist ein bakterienähnliches Wesen namens »Pyrolobus fumarii«, das an den Wänden von Schloten am Meeresboden bei Temperaturen bis 113 Grad Celsius lebt.

Quelle: Bryson – Eine kurze Geschichte von fast allem, München, 2004

114 Jahre alte Zwillinge starben am selben Tag

In Sri Lanka starb Anfang 2005 ein Zwillingspaar an ein und demselben Tag. Ist diese Tatsache schon allein höchst bemerkenswert, so erscheint sie geradezu unglaublich, wenn man weiß, dass die beiden Zwillinge 114 Jahre alt wurden. Kali Bi Sheikh und Batul Bi

Sheikh wuchsen gemeinsam auf und heirateten am selben Tag (!). Nachdem ihre Männer gestorben waren, zogen sie in eine gemeinsame Wohnung und lebten dort viele Jahre, bis Kali sich krank fühlte und in eine Klinik gebracht wurde. Auf dem Weg dorthin verstarb sie – just zur selben Zeit, da ihre Schwester aus einem Schlaf nicht mehr erwachte.

Quelle: www.ananova.com

Die erwachsenen Deutschen haben im Jahr durchschnittlich 120-mal Sex

Eine Befragung des Kondomherstellers Durex, an der mehr als 10 000 erwachsene Personen teilnahmen, hat es ans Licht gebracht: Die Deutschen haben im Jahr durchschnittlich 120-mal Sex, wobei Seitensprünge durchaus mitzählen. Damit sind sie zwar nicht ganz so aktiv wie die Amerikaner, die es auf knapp 130-mal bringen, schlagen dafür jedoch mit Leichtigkeit die Japaner, die mit einer Häufigkeit von 36-mal Geschlechtsverkehr pro Jahr das internationale Schlusslicht bilden.

Quelle: http://www.wiwo.de

Das Weiße Haus hat 132 Zimmer

Das Weiße Haus in Washington ist erheblich größer, als es den Anschein hat. Die meisten Fotos werden von der Pennsylvania Road her aufgenommen und zeigen

nur die Nordfront des Gebäudes, nicht aber die ausladenden Ost- und Westflügel. Die Residenz verfügt über 132 Zimmer, 35 Bäder, 412 Türen, 147 Fenster, 28 Kamine, 8 Treppenaufgänge und 3 Aufzüge.

Quelle: http://www.zdf.de

*Mit **146** Geburten auf 10 000 Einwohner*
ist Irland das geburtenstärkste Land
der Europäischen Union

Annähernd 380 Millionen Menschen leben in den 15 Ländern der EU, davon allein 82,4 Millionen in Deutschland. Daneben gehören Großbritannien, Frankreich und Italien zu den bevölkerungsreichen Staaten, während Irland mit 3,9 Millionen am zweitwenigsten Bürger hat. Doch gerade die Iren sorgen mit jährlich 146 Geburten auf 10 000 Einwohner am eifrigsten für Nachwuchs. Deutschland ist mit 90 Geburten je 10 000 Einwohner Schlusslicht.

Quelle: http://www.zds-schornsteinfeger.de

Jedes Jahr werden rund
***150** Menschen von Kokosnüssen*
erschlagen

Nicht wenige Urlauber wagen sich an südlichen Meeren aus Angst vor Haien nicht ins Wasser. Dabei ist diese Panik meist unbegründet. Viel gefährlicher ist es, sich am Strand in den Schatten von Kokospalmen zu legen, da die herabfallenden Nüsse durchaus ernste, ja, nicht

selten sogar tödliche Verletzungen verursachen können. Durchschnittlich 150 Menschen pro Jahr werden
von ihnen erschlagen. Dagegen wurden 2001 weltweit
nur etwas mehr als 70 Angriffe von Haien gezählt, von
denen gerade mal 5 tödlich endeten.

Quelle: http://www.3sat.de

Die griechische Nationalhymne hat
158 Strophen

Die Nationalhymne der Griechen stammt von Diony-
sios Solomos, der den langen, patriotischen Text im Mai
1823 auf seiner Geburtsinsel Zakynthos verfasste. Bei
offiziellen Anlässen werden allerdings nur die ersten
beiden Strophen gesungen.

Quelle: http://www.griechische-botschaft.de

162 Tage unseres Lebens
verbringen wir
auf der Toilette

Untersuchungen haben ergeben, dass der Durch-
schnittseuropäer täglich 8 Minuten auf der Toilette verbringt. In einem Jahr sind das 2920 Minuten oder knapp
49 Stunden. Geht man von einer mittleren Lebenserwartung von 80 Jahren aus, so summiert sich die Zeit auf
dem stillen Örtchen zu 3893 Stunden oder 162 Tagen
beziehungsweise knapp 5 1/2 Monaten.

Quellen: http://www.radiobremen.de; eigene Berechnung
des Autors

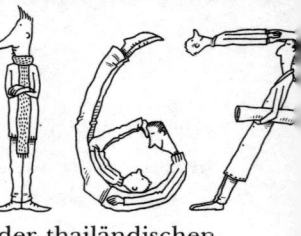

*Mit **167** Buchstaben hat
Bangkok den längsten Ortsnamen
der Welt*

Gemeint ist der poetische Name der thailändischen Hauptstadt, der abgekürzt »Stadt der Engel« bedeutet und vollständig »Krung thep mahanakhon bovorn ratanakosin mahin thara yutthaya mahadilok pop nopara trat chathani burirom udom ratchani vetma hasathan amornpiman avatarnsathit sakkathattiya visnu karmprasit« lautet. Verständlicherweise wird er nur äußerst selten in seiner ganzen Länge ausgesprochen, sondern stattdessen üblicherweise mit seinen ersten beiden Wörtern »Krung thep« abgekürzt.

Quelle: http://www.lexonia.de

*Der längste Knochen des menschlichen Körpers
ist **167**-mal so lang wie der kürzeste*

Mit rund 50 Zentimetern ist der Knochen im Oberschenkel der längste des menschlichen Körpers. Dagegen ist der kleinste, der Steigbügel im Mittelohr, geradezu winzig: Er ist nur so groß wie ein Reiskorn, das heißt, er misst nur knapp 3 Millimeter.

Quelle: Ash – Die Welt an einem Tag, München, 1998

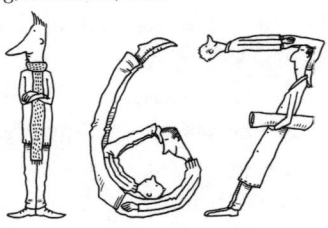

Die menschlichen Nieren produzieren jeden Tag etwa **170** Liter Harn

Die Nieren gehören zu unseren wichtigsten Ausscheidungsorganen. Mit ihrer Hilfe wird eine ganze Menge schädlicher Substanzen aus unserem Körper herausbefördert, die uns sonst von innen her vergiften würden. Zu diesem Zweck fließt das gesamte Blut – immerhin 5 bis 7 Liter – alle fünf Minuten einmal durch die beiden Nieren hindurch. Das sind etwa 1500 Liter pro Tag, wobei die Nieren rund 170 Liter Flüssigkeit herausfiltern. Würde diese enorme Menge dem Blut für immer entzogen, so wäre es bereits nach etwa einer Viertelstunde so dickflüssig, dass es nicht mehr durch die Gefäße strömen könnte. Deshalb wird der größte Teil, nämlich etwa 168 Liter, der im so genannten »Primärharn« enthaltenen Flüssigkeit auf seinem Weg durch die Nierenkanälchen wieder zurückgewonnen. Nur den Rest scheiden wir tatsächlich aus.

Quelle: Bauer – Humanbiologie, Berlin, 2000

Der erste elektronische Computer ENIAC benötigte eine Grundfläche von **180** Quadratmetern

Gerade mal ein Vierteljahrhundert ist es her, seit der Mikrochip erfunden wurde. In diesen 25 Jahren hat sich das Leistungsvermögen von Prozessoren und damit auch der elektronischen Systeme um das 25 000-Fache gesteigert. Der erste elektronische Computer, der 1946 auf Betreiben der US-Armee entwickelte »Electronic

Numerical Integrator and Calculator« (ENIAC), hatte das stolze Gewicht von rund 30 Tonnen und eine Grundfläche von 180 Quadratmetern – das sind zwei durchschnittliche Vier-Zimmer-Wohnungen.

Quellen: http://www.uni-saarland.de;
http://home-arcor.de

Am Südpol ist es **182** *Tage*
im Jahr dunkel

Wegen der zur Umlaufbahn um die Sonne um 23 Grad schräg stehenden Erdachse steigt die Sonne an Nord- und Südpol nur geringfügig über den Horizont, scheint also, wenn überhaupt, ganz flach auf Eis und Meer. Etwa die Hälfte des Jahres – genau gesagt: am Südpol 182 und am Nordpol 176 Tage – ist sie überhaupt nicht zu sehen, und es ist vollkommen dunkel.

Quelle: Guinness World Records 2003

Mit einer Durchschnittsgröße
von **184** *Zentimetern*
sind die Holländer die Weltmeister
im Wachsen

Die Menschen werden immer größer, und seit Beginn des 20. Jahrhunderts schießen sie geradezu in die Höhe. Maß ein durchschnittlicher deutscher Rekrut um 1880 noch 1,64 Meter, so waren es 100 Jahre später schon 1,78 Meter. Die Weltmeister im Wachsen sind dabei die Holländer, die im Durchschnitt 1,84 Meter groß werden. Woran das liegt, ist nicht ganz klar. Erstaunlich ist jedoch, dass auch Menschen aus anderen Ländern – beispielsweise Türken –, die seit früher Kindheit in Holland leben, dort im Durchschnitt ein ganzes Stück größer werden als in ihrer Heimat.

Quelle: http://www.klm-hannover.de

Ein Blauwal kann **190** *Tonnen schwer werden*

Blauwale sind die mit Abstand größten Tiere, die auf der Erde leben, wobei die Weibchen die Männchen sogar noch an Größe übertreffen. Der gewaltigste Blauwal, der jemals vermessen wurde, war ein um 1910 in der Antarktis erlegtes Weibchen mit 34 Metern Länge. Den Gewichtsrekord hält ein anderes Weibchen, das unglaubliche 190 Tonnen auf die Waage brachte – immerhin das Gewicht von 50 ausgewachsenen Elefantenbullen.

Quelle: http://www.markuskappeler.ch

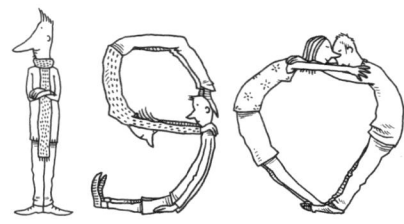

Beim Niesen verlässt die Luft die
Nase mit einer Geschwindigkeit von bis zu
200 *Stundenkilometern*

Das Niesen, durch das Staubpartikel der Atemluft und sonstige Fremdkörper schnell und kraftvoll aus der Nase herausgeblasen werden, wird durch einen Reflex ausgelöst. Zuerst erfolgt eine sehr tiefe Einatmung und dann – nach einer mehr oder minder langen Pause – eine ungeheuer heftige, krampfartige Ausatmung, bei der der Luftstrom Geschwindigkeiten von bis zu 200 Stundenkilometern erreicht.

Quelle: http://www.vk.shuttle.de

203 *Malediven-Inseln sind bewohnt*

Insgesamt besteht die Inselgruppe der Malediven im Indischen Ozean aus mehr als 1200 Inseln. Die 265 000 Bewohner (davon 75 000 in der Hauptstadt Malé) verteilen sich jedoch »nur« auf 203 Inseln, und von diesen dienen lediglich 92 als Ziel für Touristen.

Quelle: http://www.malediven-reiseinfo.de

In Deutschland wird an jedem Arbeitstag
eine Fläche von **216** *Fußballfeldern zugebaut*

Seit Beginn der Achtzigerjahre wurden und werden in Deutschland Jahr für Jahr durchschnittlich 44 000 Hektar Landschaftsfläche mit Wohnhäusern, Industrieanlagen und Gewerbebetrieben bebaut oder für die Neuanlage beziehungsweise Verbreiterung von Verkehrswegen – vorzugsweise Straßen und Schienen – genutzt. Das entspricht an jedem Arbeitstag, also von Montag bis Freitag, einem Landschaftsverbrauch von 216 Fußballfeldern. Die Leidtragenden sind landwirtschaftliche Nutzflächen einerseits und naturnahe Biotope wie Heide, Moor und Ödland andererseits.

Quelle: Linder – Biologie, Hannover, 1998

In Deutschland gibt es **236** Friseursalons namens »Haargenau«

Friseure scheinen mehr als andere Berufsgruppen Wert auf einen möglichst originellen Namen ihres Geschäfts zu legen. Dass dabei Wortzusammensetzungen mit »Haar« die Favoritenrolle spielen, liegt auf der Hand. Unangefochtener Spitzenreiter ist mit 236 derartig benannten Salons »Haargenau«, aber auch Bezeichnungen wie »Haarscharf« oder – besonders einfallsreich – »Haarem« erfreuen sich großer Beliebtheit.

Quelle: Dr. Ankowitschs Kleines Konversationslexikon, Frankfurt, 2004

Das durchschnittliche Lesetempo liegt bei **240** Wörtern pro Minute

Der durchschnittlich Geübte liest von einem mittelschweren Text jede Minute etwa 240 Wörter, was vier Wörtern pro Sekunde entspricht. Dieses Tempo lässt sich durch Übung jedoch erheblich steigern: Wer in seinem speziellen Fachgebiet regelmäßig liest, fasst wiederkehrende Wortfolgen mit der Zeit wie ein einziges Wort auf, wobei er bis zu vier Wörter miteinander verknüpft. Auf diese Weise erhöht sich die Lesegeschwindigkeit – ohne Wichtiges zu übersehen – auf 16 Wörter pro Sekunde, was fast 1000 Wörtern pro Minute entspricht.

Quelle: http://www.jobpilot.de

Die tiefste mögliche Temperatur beträgt minus **273** Grad Celsius

Der genaue Wert beträgt minus 273,15 Grad Celsius und wird als »absoluter Nullpunkt« bezeichnet. Nach dem dritten Hauptsatz der Thermodynamik kann man ihm zwar beliebig nahe kommen (bis auf wenige Milliardstel Grad), ihn jedoch nie ganz erreichen. Deshalb stellt er den Beginn der Kelvin-Temperaturskala dar, entspricht also 0 Grad Kelvin.

Quelle: http://de.wikipedia.org

Der Darm eines Pottwals ist bis zu **288** Meter lang

Mit der Länge seines Darms hält der Pottwal den absoluten Rekord im Tierreich: Bis zu 288 Meter und damit rund 14-mal so lang wie der Körper kann er werden. Dagegen nimmt sich der menschliche Darm mit gerade mal 7 Metern Länge doch recht bescheiden aus.

Quelle: http://www.science-at-home.de

Jeder von uns trägt auf dem Kopf **300** Kilo Luft mit sich herum

Das Gewicht, mit dem die Luftsäule in Meereshöhe auf den Untergrund drückt, beträgt 1 Kilo pro Quadratzentimeter. Da ein menschlicher Kopf durchschnittlich etwa 20 Zentimeter lang und 15 Zentimeter breit ist, ergibt sich von oben gesehen eine Fläche von 300 Quadratzentimetern. Das bedeutet, dass die darauf ruhende Luftsäule sage und schreibe 300 Kilogramm – 6 Zentner (!) – schwer ist. Zum Glück ist unser Körper nicht nur robust genug gebaut, um dieses enorme Gewicht problemlos auszuhalten, sondern besteht auch zum Großteil aus Wasser, das sich nicht – wie etwa ein Gas – zusammenpressen lässt, sondern damit dem äußeren einen entsprechenden inneren Druck entgegensetzt.

Quelle: Bryson – Eine kurze Geschichte von fast allem, München, 2004; http://www.freenet.de

Der Jupiter ist **317**-mal so schwer wie die Erde

Mit weitem Abstand ist der Jupiter der größte Planet unseres Sonnensystems. Er ist doppelt so schwer wie alle anderen Planeten – Merkur, Venus, Erde, Mars, Saturn, Uranus, Neptun und Pluto – zusammengenommen, so schwer, dass man aus ihm 317 Erden, 2894 Marse oder 5788 Merkure machen könnte. Da sein Volumen deutlich größer ist als das aller anderen acht Planeten zusammen, könnte man aus ihm, wenn er aus Lehm bestünde, ohne Probleme Saturn, Neptun, Uranus, Erde, Venus, Mars, Merkur und Pluto formen. Und es bliebe sogar noch eine ganze Menge Lehm übrig.

Quelle: Ash – Unvergleichliche Vergleiche, München, 1997

Eine Giraffe hat einen Blutdruck von **340**

Das ist der obere (systolische) Wert, der untere (diastolische) beträgt etwa 230 Millimeter Quecksilbersäule. Damit strömt das Blut einer Giraffe – angetrieben von einem rund 12 Kilo schweren, überaus leistungsfähigen Herzen – mit einem rund dreimal höheren Druck als bei einem Menschen (normal: 120/80) durch den Körper. Das ist erforderlich, um das Blut den extrem langen Hals hinauf bis ins Gehirn zu befördern.

Quellen: Flindt – Biologie in Zahlen, Heidelberg, 2000; http://de.wikipedia.org

Ein Wanderfalke erreicht im Sturzflug eine Geschwindigkeit von **350** Stundenkilometer

Hat ein hoch fliegender Wanderfalke unter sich eine Beute, etwa eine Taube, entdeckt, so kippt er plötzlich in einen rasanten Sturzflug ab und schießt mit der kaum vorstellbaren Geschwindigkeit von bis zu 350 Stundenkilometer auf sein Opfer herab. Damit ist er der schnellste Greifvogel überhaupt. Allerdings packt er seine Beute bei diesem Tempo in der Regel nicht, sondern nutzt den Zusammenprall, um sie zu verletzen oder gleich zu töten; danach unternimmt er einen erneuten Anflug und greift sie geschickt aus der Luft.

Quelle: http://www.kinder-tierlexikon.de

August der Starke soll
354 *Kinder gezeugt haben*

»Der Starke« wurde der sächsische Kurfürst und polnische König August genannt, weil er über ungeheure Körperkräfte verfügte: Er drückte Metallbecher zusammen, als wären sie aus Pappe, zerbrach Hufeisen wie Salzstangen und hielt, wenn ihm danach zumute war, kurzerhand einen Pfarrer am ausgestreckten Arm zum Fenster hinaus. Gewaltig war aber offenbar auch seine Manneskraft: Mit zahlreichen, stets wechselnden Mätressen soll er nicht weniger als 354 Kinder gezeugt haben.

Quelle: Brockhaus – Merkwürdiges, Kurioses, Schlaues, Leipzig, 1997

Die höchste jemals auf der Erde
gemessene Windgeschwindigkeit betrug
371 *Stundenkilometer*

Jeder erinnert sich an »Lothar«, das Orkantief, das am zweiten Weihnachtsfeiertag 1999 in Süddeutschland und den Nachbarländern immense Verwüstungen anrichtete. Dabei wurden Windgeschwindigkeiten bis zu 213 Stundenkilometer gemessen. Das ist zwar enorm, im Vergleich zur höchsten jemals auf der Erde registrierten Windgeschwindigkeit, die 1934 auf dem Mount

Washington im amerikanischen Bundesstaat New Hampshire sage und schreibe 371 Stundenkilometer betrug, handelt es sich aber im Grunde nur um ein laues Lüftchen.

Quelle: Duden – 100 000 Tatsachen, Mannheim, 2001

*Ein Mensch würde mit der Sprungleistung eines Flohs **374** Meter weit hüpfen*

Ein Floh hat eine durchschnittliche Körperlänge von etwa 1,5 Millimeter. Das ist nicht sonderlich beeindruckend. Faszinierend ist jedoch seine gewaltige Sprungkraft, mit der er sich bis zu 33 Zentimeter weit nach vorne katapultieren kann, was seiner 220-fachen Körperlänge entspricht. Ein Mensch, der es ihm nachtun wollte, müsste bei einer Körpergröße von 1,70 Meter also aus dem Stand heraus 374 Meter weit hüpfen. Zur Erinnerung: Der Weitsprung-Weltrekord der Männer liegt – mit Anlauf! – bei nicht ganz 9 Metern.

Außerdem ist ein Floh in der Lage, sich mit seinen kräftigen Hinterbeinen 30 Zentimeter – das 200-fache seiner Körpergröße – in die Luft zu katapultieren. Übertragen auf einen 1,70 Meter großen Menschen ergäbe das 340 Meter und damit mehr als die doppelte Höhe des Kölner Doms! Doch was fast noch bemerkenswerter ist: Bei seinem Sprung schießt ein Floh dermaßen rasant nach oben, dass er in puncto Beschleunigung jeden Rennwagen mühelos in den Schatten stellt.

Quelle: Ash – 1001 Zahlen, Fakten, Rekorde, Würzburg, 1999

*Die **385** reichsten Menschen der Welt*
besitzen mehr Vermögen als die 2,5 Milliarden
ärmsten zusammengenommen

Man mag es kaum glauben, aber 1,2 Milliarden Menschen, ein Fünftel der Weltbevölkerung, müssen von einem Dollar pro Tag leben und sind zu einem Dasein in extremer Armut verurteilt.

Die zwischen den reichsten und den ärmsten Ländern bestehende Einkommensdifferenz, die 1960 das 37-Fache betrug, ist bis heute auf das 74-Fache angestiegen. Vier Bürger der USA – Bill Gates, Paul Allen, Warren Buffet und Larry Eilyson – konzentrieren in ihren Händen ein Vermögen, das dem Bruttoinlandsprodukt von 42 armen Ländern mit 600 Millionen Einwohnern entspricht; und das Vermögen der 385 reichsten Personen der Welt übersteigt das addierte Jahreseinkommen der ärmsten 2,5 Milliarden Menschen, also fast der Hälfte der Weltbevölkerung.

Quelle: http://www.kulturkritik.net

In der chilenischen Atacama-Wüste
*hat es über **400** Jahre nicht geregnet*

Sie gilt als trockenste Region der Erde: die Atacama-Wüste im Norden Chiles. Mehr als 400 Jahre hat es dort nicht geregnet. Im Jahr 1997 sorgte dann allerdings das als »El Niño« bekannte extreme Wetterphänomen dafür, dass dort wieder Regen fiel – und zwar gleich so viel, dass etliche Bewohner des kargen Landstrichs in den Fluten ums Leben kamen. Normalerweise trinken die

Menschen dort Wasser, das mit Tankwagen gebracht wird oder über Leitungen aus den Anden kommt.

Quellen: Das Super-Buch der erstaunlichen Tatsachen, Stuttgart, 2001; http://www.transalp.de

Ein menschlicher Nerv kann einen Impuls mit 430 Stundenkilometern weiterleiten

Im menschlichen Körper gibt es unterschiedliche Arten von Nervenfasern. Die schnellsten von ihnen sind in der Lage, eine Erregung mit einer Geschwindigkeit von 120 Meter pro Sekunde oder umgerechnet 430 Stundenkilometer weiterzuleiten.

Quelle: Flindt – Biologie in Zahlen, Heidelberg, 2000

Die Flügelspitzen eines Windkraftrades erreichen eine Geschwindigkeit von bis zu 432 Stundenkilometer

Die drei Rotorblätter eines modernen Windkraftrades sind knapp 50 Meter lang. Aus der Ferne betrachtet, scheinen sie sich verhältnismäßig langsam zu bewegen. Steht man jedoch am Fuß eines solchen Giganten, so erkennt man die gewaltige Geschwindigkeit, mit der sich das Windrad dreht. An der Flügelspitze kann diese bis zu 120 Meter pro Sekunde betragen, was unglaublichen 432 Stundenkilometern entspricht.

Quelle: http://www.digmagb.de

Im Jahr 2003 gab es weltweit
445 *Piraten-Überfälle*

Bei dem Wort »Pirat« denkt man unwillkürlich an längst vergangene Zeiten, in denen verwegene Burschen mit blutdurchtränkten, um den Kopf geschlungenen Tüchern und eisernen Haken statt Händen unter der Totenkopf-Flagge segelten und brave Handelsschiffe überfielen. Heute, so glauben viele, gibt es so etwas nicht mehr. Doch das Gegenteil ist der Fall: Die Spirale brutaler Piraterie auf den Weltmeeren dreht sich immer schneller. Allein im Jahr 2003 listete das Anti-Piraten-Zentrum des Internationalen Schifffahrtsbüros (IMB) 445 Fälle moderner Seeräuberei auf, nahezu 20 Prozent mehr als im Vorjahr. 21 Seeleute kamen bei diesen Angriffen ums Leben.

Quelle: http://www.stern.de

Von der Sonne zur Erde braucht
das Licht **499** *Sekunden*

Im Durchschnitt ist die Sonne 149,6 Millionen Kilometer von der Erde entfernt, eine gewaltige Entfernung! Da das Licht aber mit der ungeheuren Geschwindigkeit von knapp 300 000 Kilometern pro Sekunde unterwegs ist, braucht es von der Sonne zur Erde nur 499 Sekunden beziehungsweise 8 Minuten und 19 Sekunden. Man kann auch sagen, die Erde ist etwas mehr als 8 Lichtminuten von der Sonne entfernt.

Quelle: http://www.astronews.com

In den Augen eines Scheichs ist Verona Pooth 582 Kamele wert

Als Verona Pooth (geb. Feldbusch) gemeinsam mit Partner Franjo in Dubai Urlaub machte, lernten die beiden einen Scheich kennen, der von Verona derart begeistert war, dass er Franjo spontan 582 Kamele für sie anbot. Wie der Scheich auf diese krumme Zahl kam, wurde nicht bekannt – anscheinend gibt es so etwas wie eine inoffizielle Kurstabelle. Laut Verona hat Franjo tatsächlich eine Weile überlegt, ob er die Offerte annehmen sollte – immerhin haben 582 Kamele einen nicht unbeträchtlichen Wiederverkaufswert.

Quelle: www.bild.t-online.de

Mit der Zahl 666 wird in der Bibel der Antichrist beschrieben

In der Offenbarung des Johannes heißt es: »Und ich sah ein Tier aufsteigen aus der Erde; und hatte zwei Hörner gleich wie ein Lamm und redete wie ein Drache ... Wer Verstand hat, berechne die Zahl des Tieres, denn es ist eines Menschen Zahl und eine Zahl 666«.

Seither sind in aller Welt nicht nur Christen eifrig damit beschäftigt, die Bedeutung der Zahl 666 zu enträtseln und auf diese Weise vielleicht das Datum des Weltuntergangs zu ermitteln.

Eine bekannte Rechnung kam auf den Papst, andere führten, durch Heranziehung der hebräischen Sprache und reichlich verqueren Zuordnungen, zu Luther und damit zur Reformation als Zeitpunkt des Weltuntergangs.

Auch mit dem Ergebnis »Hitler« lässt sich eine Rechnung aufmachen, und wenn man es genau nimmt, muss man nur ausreichend fahrlässig Sprachen und Berechnungsmethoden mischen, um letztendlich genau das Weltuntergangsdatum zu erhalten, das man gerne hätte.

Quellen: Werner – Lexikon der Numerologie und Zahlenmystik, Köln, 2001; http://www.publikation.50g.com

Statistisch bekommt man bei jedem **700.** Pokerspiel ein Full House auf die Hand

Die Wahrscheinlichkeit, beim Pokern eine erfolgversprechende Kombination von Karten zu bekommen, lässt sich exakt berechnen. Dabei muss man unterscheiden, ob man diese Karten von vornherein – also auf die Hand – oder erst nach dem Austausch von zwei Karten erhält. Die Chance auf ein Full House – Drilling plus Paar – von Anfang an liegt bei 1:700, die auf einen direkten Royal Flush – As, König, Dame, Bube und Zehn derselben Farbe – beträgt 1:65000.

Quelle: http://www.spielbank-casino.spacig.de

Zitteraale können Stromstöße mit **700** Volt Spannung austeilen

Die bis zu 2,80 Meter langen Zitteraale jagen nach Fischen, Amphibien und kleinen Säugetieren, die sie mit Hilfe elektrischer Schläge betäuben. Dazu verfügen sie über spezielle, aus Muskelgewebe hervorgegangene Organe, die etwa ein Fünftel des gesamten Körpers einnehmen und Spannungsimpulse bis zu 700 Volt erzeugen können – mehr als das Dreifache unseres im Fall eines Stromschlags recht gefährlichen Haushaltsstroms.

Quelle: http://www.zoovienna.at

1 PS sind **736** *Watt*

Obwohl die Einheit »Pferdestärke« seit dem 1. Januar 1978 offiziell nicht mehr in Gebrauch und durch »Watt« beziehungsweise »Kilowatt« ersetzt worden ist, wird sie noch immer häufig verwendet; und viele können sich, speziell wenn es um Motorleistungen geht, unter einem PS weitaus mehr vorstellen als unter einem Kilowatt. Natürlich kann man die Einheiten auch ineinander umrechnen. Dazu muss man wissen, dass 1 PS 736 Watt oder 0,736 Kilowatt sind oder dass 1 Kilowatt 1,36 PS entspricht. Ein 100-PS-Motor hat demnach eine Leistung von 73,6 Kilowatt oder ein 100-Kilowatt-Motor von 136 PS.

Quelle: http://www.elektrotechnik-fachwissen.de

Jeder Mensch produziert im Jahr durchschnittlich **800** *Megabyte Daten*

Seit der unaufhaltsamen Verbreitung der elektronischen Datenverarbeitung wächst die Menge der gespeicherten Informationen Jahr für Jahr in gigantischem Ausmaß. Auf jeden Bewohner der Erde – wenn man von 6,3 Milliarden ausgeht – kamen im Jahr 2002 800 Megabyte aufgezeichneter Daten, was auf Papier so viele

Bücher füllen würde, dass diese, in einem Regal aneinander gereiht, pro Person 10 Meter einnehmen würden.

Quelle: http://www.innovations-report.de

Beim freien Fall wird ein Fallschirmspringer bis zu 1006 Stundenkilometer schnell

Bei den üblichen Sprüngen, wie man sie auf Flugschauen bewundern kann, stürzen Fallschirmspringer im freien Fall mit einer Geschwindigkeit von rund 200 Stundenkilometer in die Tiefe. Abhängig von der Körperhaltung und dem Luftwiderstand, der ja mit zunehmender Höhe geringer wird, können jedoch auch weit höhere Werte erreicht werden. Hoch über der Erde erreichen Fallschirmspringer die enorme Geschwindigkeit von 1006 Kilometern pro Stunde und sind damit fast so schnell wie der Schall, der es in Luft auf 1220 Stundenkilometer bringt.

Quelle: Duden – 100 000 Tatsachen, Mannheim, 2001

Es gibt eine Mücke, die 1046-mal pro Sekunde mit den Flügeln schlägt

Mit diesem Wert hält die Zuckmücke der Gattung Forcipomyia den absoluten Weltrekord im Flügelschlagen. Eine Stubenfliege bringt es »nur« auf 180 bis 300 Flügelschläge pro Sekunde..

Quelle: http://www.systematik-entomologie.de

Die Bibel umfasst **1189** *Kapitel*

Insgesamt enthält die Bibel – Altes und Neues Testament zusammengenommen – 1189 Kapitel mit 31 175 Versen und etwa 3 Millionen Buchstaben. Um sie von vorne bis hinten durchzulesen, braucht man – durchschnittliches Lesetempo vorausgesetzt – etwa 50 Stunden. Beschränkt man sich auf 3 bis 4 Kapitel täglich, ist man in einem Jahr durch.

Quelle: http://www.jesus.ch

Pelé schoss in seiner Karriere **1279** *Tore*

Von September 1956 bis Oktober 1977, also in 21 Jahren, schoss der brasilianische Ausnahmefußballer Pelé, der mit richtigem Namen Edson Arantes do Nascimento heißt, nicht weniger als 1279 Tore. Und das in gerade mal 1363 Spielen, was bedeutet, dass er fast in jedem Spiel ein Tor erzielte. Kein anderer Spieler der Welt ist bisher auch nur annähernd an diesen sagenhaften Rekord herangekommen.

Quelle: Guinness World Records 2003

Das schwerste Lebewesen der Welt
wiegt **1300** *Tonnen*

Es handelt sich um einen 85 Meter hohen Riesenmammutbaum, der im Sequoia-Nationalpark in den Vereinigten Staaten steht. Er trägt den Namen »General Sherman Tree« und ist so mächtig, dass jede Eiche daneben wie ein Farnkraut wirkt. Der Stamm hat einen

Durchmesser von 11 Metern – zwei Züge könnten in einem Tunnel nebeneinander hindurchfahren. Wer ihn umrunden will, muss 32 Meter zurücklegen; 18 Menschen sind nötig, um ihn mit ausgestreckten Armen zu umfassen; und sein größter Ast – 40 Meter lang und 2 Meter dick – ist mächtiger als jede bei uns heimische Linde.

Quelle: http://www.goldenstate.ch; http://www.hktseminar.de

Die amerikanische Hirschbremse ist **1300** Stundenkilometer schnell

Mit dieser Wahnsinnsgeschwindigkeit im Überschallbereich ist die Hirschbremse der schnellste Flieger überhaupt. Allerdings hält sie ihr Tempo nur über eine Strecke von etwa 50 Meter durch, danach wird sie deutlich langsamer.

Quelle: http://www.naturschutzstation-malchow.de

Das Herz einer Spitzmaus schlägt in der Minute bis zu **1320**-mal

Mit menschlichen Maßstäben gemessen schlägt ein Spitzmausherz nicht, sondern es rast: Bis zu 1320-mal pro Minute zieht es sich zusammen und pumpt Blut in den winzigen Mäusekörper. Damit liegt seine Geschwindigkeit noch über der des Kolibris, der es mit rund 1000 Schlägen pro Minute aber immer noch auf etwa das 14-Fache des menschlichen Herzens bringt. Ausgesprochen gemächlich lassen es dagegen das Kamel-

und das Froschherz angehen: Sie stoßen durchschnittlich nur alle 2 Sekunden Blut aus, schlagen pro Minute also ganze 30-mal.

Quelle: Ash – 1001 Zahlen, Fakten, Rekorde, Würzburg, 1999

Im Jahr 2003 arbeitete jeder Erwerbstätige in Deutschland durchschnittlich **1445** Stunden

Nach Berechnungen des Institutes für Arbeitsmarkt- und Berufsforschung (IAB) arbeitete im Jahr 2003 jeder in Deutschland Erwerbstätige durchschnittlich 1445 Stunden lang. Damit ergibt sich als Produkt aus der Zahl der Erwerbstätigen und der Arbeitszeit ein gesamtwirtschaftliches Arbeitsvolumen von 55,3 Milliarden Stunden!

Quelle: http://www.destatis.de

Rote Blutkörperchen legen in ihrem kurzen Leben eine Strecke von **1500** Kilometern zurück

Rote Blutkörperchen werden in Riesenmengen im Knochenmark gebildet und nach rund vier Monaten in Leber und Milz wieder abgebaut. In diesen vier Monaten sind sie unablässig damit beschäftigt, Sauerstoff, den sie in der Lunge aufnehmen, in den Körper hineinzutransportieren, und absolvieren dabei die erstaunliche Strecke von 1500 Kilometern – das entspricht der Strecke von München nach Flensburg und zurück.

Quelle: Bauer – Humanbiologie, Berlin, 2000

In Indien spricht man **1652** *Sprachen
und Dialekte*

Mit 3,3 Millionen Quadratkilometern ist Indien der siebtgrößte Staat der Erde und mehr als 13-mal so groß wie Deutschland. Er hat rund 1 Milliarde Einwohner, womit er nach China Rang 2 in der Welt belegt. Zwar ist Hindi die offizielle Staatssprache, und in Handel und Verkehr wird auch häufig Englisch gesprochen, doch untereinander verständigen sich die Inder in nicht weniger als 1652 Sprachen und Dialekten.

Quelle: http://www.schwarzaufweiss.de

Die Erde dreht sich mit **1674** *Stundenkilometern*

Die größte Drehgeschwindigkeit weist die Erde dort auf, wo sie in Ost-West-Richtung den größten Umfang hat, nämlich am Äquator. Wer dort steht, wird mit enormen 1674 Stundenkilometern herumgewirbelt. Dass er davon nichts merkt, liegt allein an der Schwerkraft, die ihn fest auf den Boden bannt und verhindert, dass er infolge der Fliehkraft abhebt und davonsegelt.

Quelle: http://www.uni-hohenheim.de

*Der größte Wortschatz eines Wellensittichs
umfasste* **1728** *Wörter*

Der Vogel hörte auf den Namen Puck und lebte bei seinem Besitzer in Kalifornien. Zum Zeitpunkt seines Todes im Jahr 1994 war er nachweislich in der Lage, nicht weniger als 1728 Wörter verständlich auszusprechen. Berühmter allerdings war sein Artgenosse Sparkie Williams, der ein Repertoire von 8 Kinderreimen und 360 Redensarten beherrschte – auch wenn das nur einen Wortschatz von etwas mehr als 550 Wörtern erforderte.

Quelle: http://www.die-wellensittich-page.de

Mit durchschnittlich **1906** *Stunden Sonnenschein pro Jahr hält Zinnowitz auf der Ostseeinsel Usedom den deutschen Rekord*

Die Insel Usedom wurde im Durchschnitt der letzten 30 Jahre von der Sonne weit mehr verwöhnt als andere Gegenden Deutschlands. Und auf Usedom sind es nicht die »Kaiserbäder« Heringsdorf, Ahlbeck und Bansin, in denen die Sonne am häufigsten scheint, sondern es ist das weiter westlich gelegene Seebad Zinnowitz. Dort strahlte die Sonne im langjährigen Durchschnitt 1906 Stunden vom Himmel, was deutschen Rekord bedeutet.

Doch verglichen mit den sonnenreichsten Orten der Erde muss man diesen Wert als ausgesprochen kümmerlich bezeichnen. So zählt man in bestimmten Gebieten des US-Staates Arizona um die 4040 Stunden im Jahr, was laut Deutschem Wetterdienst »91 Prozent des astronomischen Maximums« entspricht.

Quelle: http://www.zeit.de

Mit durchschnittlich
2007 *Kilometern pro Jahr sind die Schweizer die Weltmeister im Eisenbahnfahren*

Im Jahr 2002 legte jeder Schweizer Bürger durchschnittlich 2007 Kilometer mit der Eisenbahn zurück. Damit belegt die Schweiz unangefochten den ersten Rang im Eisenbahn-Vielfahren. Zweiter ist mit erheblichem Abstand Weißrussland, wo jeder Einwohner statistisch gesehen 1435 Kilometer Bahn fährt, und dritter Frankreich mit durchschnittlich 1237 Kilometer.

Quelle: http://www.nzz.ch

Im Jahr **2026** *wird wahrscheinlich die Welt untergehen*

Immer wieder wurde in der Vergangenheit die eine oder andere Jahreszahl als Datum für den Weltuntergang genannt – und das mit durchaus plausibel klingenden Erklärungen. Einige Beispiele:

Im Jahr 992 nach Christus fielen Mariä Verkündigung und Karfreitag, also Geburt und Tod, zusammen, was für viele Menschen ein untrügliches Indiz für das Ende der Welt darstellte.

Im Jahr 1000 sahen zahlreiche Gläubige den Weltuntergang für gekommen, weil sie die Worte der Apokalypse vor Augen hatten: »... gemäß der Prophezeiung des Heiligen Johannes wird Satan nun bald von seinen Ketten befreit, denn die tausend Jahre gehen zu Ende ...«

Im Jahr 1524 trafen sich die Planeten Jupiter, Mars und Saturn im Sternbild der Fische, was selbst Martin

Luther für ein Zeichen einer bevorstehenden Sintflut und damit des Weltuntergangs hielt.

Den Weltuntergang im Jahr 1881 zu erwarten, ging auf die Wahrsagung einer gewissen Mother Shipton aus dem England des 17. Jahrhunderts zurück, deren letzte Worte lauten: »The world to an end will come – in eighteen-hundred-and-eighty-one.«

Da all diese Daten verstrichen sind, ohne dass die Welt in sich zusammengefallen oder mit einem lauten Knall explodiert wäre, besteht auch eine gewisse Chance, dass wir den 13. November 2026 unbeschadet überleben, das nächste für einen Weltuntergang vorhergesagte Datum. Es beruht auf der Berechnung amerikanischer Wissenschaftler des »Club of Rome«, die ermittelt haben, dass sich an diesem Tag die Bevölkerungszahl auf der Erde maximal dem Wert »Unendlich« nähert.

Quelle: http://www.church-of-fear.net

Die Bibel oder Teile davon kann man in **2287** Sprachen lesen

Auf der Erde existieren etwa 6800 Sprachen. In 2287 davon – die Zahl stammt aus dem Jahr 2001 – gibt es brauchbare Bibelübersetzungen, und zwar:

ganze Bibeln in etwa 400 Sprachen

Neue Testamente in rund 1000 Sprachen

mindestens ein Buch der Bibel in circa 900 Sprachen.

Quellen: http://www.wycliff.ch

Mit **2479** Brücken hält Hamburg den Europarekord

Nicht in Venedig, sondern in Hamburg stehen europaweit die meisten Brücken, nämlich 2479 Stück, davon 1172 Straßenbrücken, 383 Hafen-, 517 Eisenbahn- und 407 Hochbahnbrücken. Zweiter ist Berlin mit rund 2100 Brückenbauwerken und dritter London mit nur noch 850 Stück. Da kann Venedig mit etwa 400 Brücken auch nicht annähernd mithalten.

Quellen: Grundmann, Zapf – Hamburg, Stadt der Brücken, Hamburg, 2003; http://www.brueckenweb.de

Ein Haar von John Lennon erbrachte bei einer Auktion **3460** Euro

Bei einer Auktion anlässlich der Schallplattenbörse in der nordostspanischen Stadt Gerona kam auch ein Haar des 1980 in New York ermordeten Ex-Beatles John Lennon unter den Hammer. Den Zuschlag erhielt ein Bieter aus Hongkong, der dafür sage und schreibe 3460 Euro bot.

Damit dürfte das Haar, dessen Echtheit durch ein Zertifikat einer seriösen britischen Gesellschaft bestätigt wurde, das teuerste sein, für das jemals Geld bezahlt wurde. Lennon selbst hatte es sich am 26. August 1964 in Denver im US-Bundesstaat Colorado ausgerissen und einem Fan geschenkt.

Quelle: www.n-tv.de

Eine Gämse kann in einer Stunde **4000** Meter hochklettern

Obwohl Gämsen auf den ersten Blick etwas steif und unbeholfen wirken, sind sie doch ganz ausgezeichnete Kletterer. Das liegt daran, dass die Sohlenflächen ihrer Hufe relativ weich sind und sich jeder Unebenheit des Steinuntergrundes eng anschmiegen. Dagegen verhindern die ausgeprägten Nebenhufe, dass die Tiere in lockerem Boden oder tiefem Schnee zu weit einsinken. Durch diesen Körperbau begünstigt, können Gämsen in einer einzigen Stunde mehr als 4000 Meter Höhenunterschied überwinden, das heißt, sie könnten theoretisch an einem Tag zehnmal den Mount Everest besteigen.

Quelle: http://www.kollegistans.ch; Ash – Die Welt an einem Tag, München, 1998

5736 Programmierer haben Windows XP erschaffen

Welch immenser Aufwand mit der Entwicklung eines neuen Computer-Betriebssystems verbunden ist, geht unter anderem aus der Tatsache hervor, dass an der Erstellung der im Jahr 2001 von der Softwarefirma Microsoft auf den Markt gebrachten Version »Windows XP« (das »XP« steht für »experience« = Erfahrung) die gewaltige Schar von 5736 Programmierern beteiligt war. Den enormen organisatorischen und logistischen Aufwand, der dazu gehört, die Arbeit all dieser Leute zu einem einzigen Produkt zusammenzufassen, kann man sich kaum vorstellen. Daher waren auch mehr als 750 000 freiwillige Tester damit beschäftigt, Windows XP ausgiebig zu erproben und im Vorfeld so viele Fehler wie möglich zu eliminieren. Dass sich im Lauf der weltweiten Anwendung dann doch noch etliche Mängel offenbaren, erscheint unter diesen Umständen fast selbstverständlich.

Quelle: Harenberg-Lexikon – Aktuell 2003, Dortmund, 2002

Der menschliche Körper enthält so viel Kohlenstoff, dass man daraus 9000 Bleistifte machen könnte

Organische Substanzen enthalten in ihren Molekülen samt und sonders mindestens ein Kohlenstoffatom. Deshalb ist im Körper eines einzigen Menschen eine derartige Menge Kohlenstoff enthalten, dass man daraus die Minen für 9000 Bleistifte herstellen könnte.

Quelle: http://www.snakehouse.de

Mit 9700 Metern Höhe ist der Mauna Kea auf Hawaii der höchste Berg der Erde

Auf die Frage nach dem höchsten Berg der Erde kennt jedes Kind die Antwort: der Mount Everest im Himalaya. Doch diese Antwort ist, genau genommen, falsch. Denn mit 9700 Metern ist der Mauna Kena auf Hawaii beachtliche 1355 Meter höher. Das Besondere an diesem Vulkan ist allerdings, dass er zum größten Teil unter Wasser liegt. Zwar ist der das Meer überragende Teil mit

4200 Metern alles andere als ein unbedeutender Hügel,
dennoch bleiben fast 5500 Meter des Berges unsichtbar,
weil sie von den Fluten des Pazifiks überspült werden.
Quellen: http://www.marum.de

Leberzellen benötigen für eine Teilung **10 000** *Stunden*

Vielfach herrscht der Glaube, die Zellen des menschlichen Körpers befänden sich in fortwährender rascher
Teilung und Erneuerung. Das ist jedoch mitnichten der
Fall. Zwar teilen sich die Zellen fast aller Gewebe und
Organe tatsächlich immer und immer wieder, doch die
Geschwindigkeit, mit der sie dabei zu Werke gehen, ist
höchst unterschiedlich. Am schnellsten sind in dieser
Hinsicht die Zellen des Knochenmarks, wo ununterbrochen neue Blutkörperchen gebildet werden. Doch auch
hier dauert es 13 Stunden, bis eine Teilung abgeschlos-
sen ist.

Die Zellen der äußeren Haut benötigen dafür erheblich länger, nämlich sage und schreibe 1000 Stunden.
Am langsamsten läuft die Zellteilung jedoch in der Leber ab: 10 000 Stunden, deutlich länger als ein Jahr,
dauert es hier, bis sich eine frisch gebildete Zelle erneut
geteilt hat.

Quelle: Cornelsen – Biologie Oberstufe, Berlin 2001

Jährlich werden **12 000** neue Tierarten entdeckt

Man hört und liest immer wieder, wie viele Tierarten vom Aussterben bedroht oder gar schon ausgestorben sind. Dabei übersieht man leicht, dass der Großteil der auf der Erde lebenden Tiere noch gar nicht entdeckt, beschrieben und benannt ist. Rund 2 Millionen Arten sind bislang bekannt, und unter den Experten herrscht große Uneinigkeit, wie viele es insgesamt geben mag. Die Angaben schwanken zwischen 3 Millionen und 30 Millionen!

Doch es gibt gewaltige Unterschiede: Kommen Jahr für Jahr nur ganze 3 neue Vogelarten hinzu, so sind es bei den Insekten und Würmern jeweils ein paar Tausend. Und kein Mensch vermag zu sagen, wie viele es davon tatsächlich gibt. Die meisten bisher unbekannten Arten vermutet man in den tropischen Regenwäldern. Immerhin wurden in den letzten 17 Jahren mehr neue Arten entdeckt als in den gesamten 170 Jahren vor 1950.

Quelle: http://www.weloennig.de

Shakespeare verwendete in seinen Werken **17 677** Wörter

Shakespeare hat in seinen Werken etwa das Vier- bis Fünffache der Anzahl von Wörtern verwendet, die zu seiner Zeit zum Grundwortschatz gehörten, nämlich genau 17 677 verschiedene, wobei er gleich noch rund 3200 neue Ausdrücke erfand.

Dies zeugt ebenso von einer überragenden Bildung wie die profunden Kenntnisse in Juristerei, Medizin, Seefahrt, Philosophie und Botanik, die dem Sohn eines armen Handwerkers eigentlich nicht zuzutrauen sind. Deshalb glauben einige Forscher, dass mehrere Autoren unter dem Namen Shakespeare geschrieben haben könnten.

Quelle: http://www.geschichtsforum.de

80 Angler haben in zwei Tagen 25 409 Kilo Fisch gefangen

Auf Soroya, hoch im Norden Norwegens gelegen, haben im Juli 2000 die Teilnehmer eines Wettangelns in zwei Tagen knapp 25,5 Tonnen Fische, hauptsächlich Dorsche, gefangen. Das macht pro Mann sage und schreibe 317,6 Kilo Fisch.

Quelle: http://www.dorschfestival.de

Die EU-Karamellbonbon-Verordnung umfasst 25 911 Wörter

Es gibt sie tatsächlich, die »EU-Verordnung über den Import von Karamellbonbons«. Bemerkenswert an ihr ist vor allem der gewaltige Wortreichtum, der in einem auffallenden Missverhältnis zu ihrem Gegenstand und ihrer Bedeutung steht. Wenn man bedenkt, dass fundamentale Gesetzestexte wie die christlichen Zehn Gebote nur 279 und die amerikanische Unabhängigkeitserklärung rund 300 Wörter enthält, wird mehr als offensichtlich, dass die Bedeutung eines Textes keinesfalls proportional zu seinem Umfang wächst. Das belegt auch dieser Text, auf dessen letzte Zeilen man bedenkenlos hätte verzichten können.

Quelle: http://www.polak.mynetcologne.de

Ein **28 000** *Stundenkilometer schneller Handschuh ist das gefährlichste Kleidungsstück der Geschichte*

Man glaubt es kaum, aber 70000 bis 120 000 Objekte fliegen als Weltraumschrott um die Erde und haben inzwischen schon hochkomplizierte Satelliten zu haarsträubenden Ausweichmanövern gezwungen. In den Anfangsjahren der Raumfahrt dachte kaum jemand daran, dass nicht mehr benötigte oder abhanden gekommene Raketenstufen, Satellitenteile oder Ausrüstungsgegenstände – nicht zuletzt aus unbekümmert entsorgten Müllsäcken von Raumstationen – einmal ein kosmisches Müllproblem heraufbeschwören könnten.

Eines der spektakulärsten Objekte, die um die Erde rasen, ist der Handschuh, den der Gemini-4-Astronaut Edward White bei seinem Raumspaziergang 1965 verloren hat. Der rund 28000 Stundenkilometer schnelle Fingerwärmer wurde mittlerweile vom Onlinedienst Space.com zum »gefährlichsten Kleidungsstück der Geschichte« erklärt.

Quelle: www.spiegel.de

Auf einem einzigen Quadratmeter Waldboden leben **30 000** *Insekten*

Die Insekten sind die weitaus umfangreichste Tiergruppe auf unserer Erde. Man geht davon aus, dass unser Planet etwa 10 Trillionen (eine Zahl mit 19 Nullen!) von ihnen beherbergt. Auf einem einzigen Quadratmeter Waldboden fände man, wenn man nur intensiv danach suchte, die unvorstellbare Anzahl von etwa 30 000 Stück. Allein von den etwa 1 bis 2 Millimeter großen Springschwänzen gibt es pro Quadratmeter rund 1000 Exemplare.

Quelle: http://members.aon.at

Um ein einziges Wirkstoffmolekül aufzunehmen, müsste man von bestimmten homöopathischen Medikamenten **35 795** *Liter trinken*

Homöopathische Mittel sollen nach dem Prinzip »Ähnliches wird durch Ähnliches geheilt« wirken. Deshalb nimmt der Kranke eine Substanz ein, die genau die Symptome hervorruft, unter denen er leidet – allerdings in einer extremen Verdünnung.

So wird das Bienengift, das beim Stich eines Insekts einen stechenden Schmerz verursacht, eben gegen derartige Schmerzen verschrieben. Wenn man jedoch bedenkt, dass es in der Zubereitungsform D 30 derartig verdünnt wird, dass rein rechnerisch ein einziges Wirkstoffmolekül auf 35 795 Liter kommt, ist schon zu fragen, ob der alte Spruch, wonach der Kranke bei der schulmedizinischen (allopathischen) Behandlung an eben dieser Behandlung und bei der Homöopathie an der Krankheit selbst stirbt, nicht eine gewisse Berechtigung hat.

Quelle: http://www.dr-heubeck.de

Das Wort »und« kommt in der Bibel **46 227**-mal vor

Die Bibel – das Wort kommt aus dem Griechischen und bedeutet schlicht »Bücher« – umfasst etwa 3 566 480 Wörter. Unter diesen kommt das Wörtchen »und« mit Abstand am häufigsten vor, nämlich genau 46 227-mal. Der Name des Herrn – mit Synonymen wie »Gott Jahwe« – findet sich 6855-mal, womit Gott mit durchschnittlich jedem 520. Wort genannt wird.

Quelle: http://www.jesusclub.de

Ein Milliardär kann 50 Jahre lang jeden Tag **54 794** Euro ausgeben

Wenn man den Begriff »Milliardär« in den Mund nimmt, ist man sich zwar bewusst, dass es sich dabei um einen extrem reichen Mann handeln muss, doch welche ungeheure Summe eine Milliarde Euro tatsächlich sind, kann man sich dennoch nur sehr schwer vorstellen. Wer exakt eine Milliarde Euro besitzt und darauf verzichtet, auch nur einen Teil des Geldes gewinnbringend anzulegen, kann immer noch 50 Jahre lang jeden Tag 54 794 Euro ausgeben, bevor er pleite ist. Er kann sich also beispielsweise jede Woche sieben Luxusautos kaufen oder sich alle drei Wochen eine Traumvilla für eine Million Euro bauen lassen. In einem Jahr hätte er bei dieser Verschwendung zwar knapp 20 Millionen Euro ausgegeben, ihm bliebe aber immer noch genügend Geld, um noch 49 Jahre so weiterzumachen.

Quelle: Eigene Berechnung des Autors

Jährlich fallen auf deutschen Straßen rund **75 000** *Tonnen Reifenabrieb an*

Reifen nutzen sich beim Fahren ab, das weiß jeder. Doch dass der auf dem Asphalt zurückbleibende Gummiabrieb in einem einzigen Jahr durchschnittlich 75 000 Tonnen erreicht (das sind 175 Güterwagen voll), ist den wenigsten bekannt. Das Problem dabei ist, dass die im Abrieb enthaltenen Substanzen – biologisch schwer abbaubare Stoffe wie Kautschuk, Ruß, Öl und Schwermetalloxide – mit dem Regenwasser weggespült werden und dieses extrem belasten. Es bedarf höchst komplizierter und kostspieliger Verfahren, um das Wasser wieder so weit zu reinigen, dass es ohne Gesundheitsgefährdung verwendet werden kann.

Quelle: http://www.tu-cottbus.de

Der Zahnarztbohrer dreht sich pro Minute bis zu **500 000**-*mal*

Er erzeugt das nervende Pfeifgeräusch, das ängstlichen Menschen beim Betreten einer Zahnarztpraxis kalte Schauer den Rücken hinunter jagt: der Turbinenbohrer, in dessen Kopf sich diamantbesetzte Schleifkörper drehen, mit denen der Doktor dem ultraharten Zahnschmelz zu Leibe rückt. Dabei bringt es die Turbine auf eine Drehzahl von bis zu 500 000 Touren pro Minute.

Wie rasant das ist, wird deutlich, wenn man den Motor eines Autos zum Vergleich heranzieht: Dieser dreht sich bei einem normalen Pkw jede Minute bis zu 6000-mal und bei einem rasanten Formel-1-Boliden sogar bis zu 18 000-mal. Bis die gewiss nicht langsame Kurbelwelle eines Rennwagens einmal um die eigene Achse rotiert, hat ein zahnärztlicher Turbinenbohrer also fast 30 Umläufe hinter sich gebracht!

Quelle: Schubert – Zahnmedizinische Assistenz, Krefeld, 2002

In einem Ameisenhaufen leben rund **600 000** *Tiere*

Immer wieder sieht man in lichten Waldungen vorwiegend aus Baumnadeln bestehende Kegelhaufen, die rote Waldameisen zu beeindruckender Größe aufgeschichtet haben. Dass in einem solchen Haufen große Mengen dieser fleißigen Tierchen leben, beweist allein schon das ständige Gewirr scheinbar planlos durcheinander wuselnder Insekten. Doch wer weiß schon, dass ein einziger Haufen nicht selten Wohnstätte von mehr als einer halben Million Ameisen ist?

Quelle: Flindt – Biologie in Zahlen, Heidelberg, 2000

Die Nerven eines Menschen sind insgesamt etwa **768 000** Kilometer lang

Die Nerven, die vom Gehirn und Rückenmark ausgehen und sich kreuz und quer durch unseren Körper ziehen, bezeichnet man als peripheres Nervensystem. Zusammengenommen haben sie bei einem erwachsenen Menschen die gewaltige Länge von circa 768 000 Kilometern, was annähernd der Strecke von der Erde zum Mond und wieder zurück entspricht.

Quelle: Kunsch – Der Mensch in Zahlen, Heidelberg, 2000

Bei der Bildung von Ei- oder Samenzelle gibt es **8 388 608** Möglichkeiten der Chromosomenverteilung

Der Mensch besitzt 23 Paare von Chromosomen, von denen bei der Bildung der Geschlechtszellen jeweils eines rein zufällig in eine Ei- beziehungsweise Samenzelle gelangt. Somit sind rein rechnerisch $2^{23} = 8\,388\,608$ unterschiedliche Chromosomen-Kombinationen möglich. Bei der Vereinigung von Ei- und Samenzelle ergeben sich daher für jedes Elternpaar $2^{23} \times 2^{23} = 70,36$ Billionen Möglichkeiten, ihr Erbgut an den Nachwuchs weiterzugeben. Kein Wunder also, dass sich Geschwister oft so wenig ähneln.

Quellen: Cornelsen – Biologie Oberstufe, Berlin, 2001

In einem Milliliter Speichel leben
etwa **10 000 000** Bakterien

Rund einen bis eineinhalb Liter Speichel produziert ein Mensch pro Tag – Speichel, der die Nahrung gleitfähig macht und dafür sorgt, dass die Schleimhaut feucht und elastisch bleibt, der bei ersten Verdauungsschritten eine Rolle spielt und dazu beiträgt, dass der Säuregrad im Mund nicht allzu sehr ansteigt. In jedem Milliliter dieser klaren Flüssigkeit leben rund 10 Millionen Bakterien, und bei einem intensiven Kuss werden mehrere hundert Millionen von einem Mund in den anderen übertragen.

Doch zum Glück denken die Küssenden in der Regel an weitaus angenehmere und erfreulichere Dinge, was sie auch getrost tun dürfen, da die Bakterien, die da gerade ihren Besitzer wechseln, größtenteils harmlos sind und normalerweise keinerlei Krankheiten hervorrufen.

Quelle: http://www.sofas4u.de

Theoretisch muss man für einen Sechser im Lotto
13 983 816-mal tippen

Wenn man weiß, dass die Chance, im Lotto sechs Richtige zu tippen, rein rechnerisch bei 1 : 13 983 816 liegt, macht das Lottospielen gleich viel weniger Spaß. Deshalb sollten Menschen, die regelmäßig ihr Glück beim Lotto versuchen, diese Zahl besser nicht zur Kenntnis nehmen.

Quelle: Duden – 100 000 Tatsachen, Mannheim, 2001

Mit etwa **20 000 000** *Tonnen jährlicher Ernte ist*
Baumwolle die ertragreichste Nutzpflanze

Knapp 20 Millionen Tonnen Baumwolle werden Jahr
für Jahr geerntet und zu Textilien verarbeitet. Das ist fast
3-mal so viel wie die jährliche Menge an Tabak, der in
Bezug auf den Ertrag an zweiter Stelle folgt. Daneben
nehmen sich die etwa 130 000 Tonnen Hopfen, die für
die Biererzeugung verbraucht werden, überaus bescheiden aus.

Quelle: http://www.bio100.de

Das größte Land der Erde ist **38 807 727**-*mal*
so groß wie das kleinste

Mit 17 075 400 Quadratkilometer ist Russland mit Abstand das größte Land der Erde. Es ist so riesig, dass das
kleinste, der Vatikanstaat mit seinen bescheidenen 0,44
Quadratkilometern, sage und schreibe 38 807 727-mal
hineinpassen würde.

Quelle: http://www.erdkunde-online.de

Im Knochenmark eines Erwachsenen werden
in jeder Minute **70 000 000** *neue Zellen gebildet*

Das Knochenmark ist Bildungs- und Geburtsstätte
sämtlicher Blutkörperchen, der weißen ebenso wie der
roten sowie der für die Gerinnung wichtigen Blutplätt-
chen.

Da von all diesen Zellen im Blut unvorstellbar viele
vorhanden sind, die natürlich samt und sonders nicht

unbegrenzt leben – ein rotes Blutkörperchen stirbt beispielsweise nach rund 120 Tagen –, muss der Organismus ständig für Nachschub sorgen. Ohne dass wir irgendetwas davon merken, produziert unser Knochenmark in jeder Minute – tagein, tagaus, sommers wie winters – die ungeheure Anzahl von 70 Millionen neuen Blutzellen.

Quelle: Linder – Biologie, Hannover, 1998

Aus einem einzigen Bakterium können über Nacht 100 000 000 *werden*

Unter günstigen Bedingungen vermehren sich Bakterien, indem sie sich immer wieder teilen, extrem schnell. So verdoppelt sich die Anzahl der im menschlichen Darm lebenden Kolibakterien, wenn es ihnen an nichts fehlt, alle 20 Minuten, was einen gewaltigen Schneeballeffekt auslöst. Über Nacht, das heißt in 12 Stunden, kann ein einziges Bakterium eine Kolonie von 100 Millionen Nachkommen hervorbringen. Da im Darm aber nicht nur ein einzelnes Kolibakterium für Nachwuchs sorgt, werden dort Tag für Tag rund 20 Milliarden neue Bakterien erzeugt, die den größten Teil des ausgeschiedenen Kots bilden.

Wie ungeheuer winzig diese Kleinstlebewesen sind, wird aus einem Vergleich deutlich: In ein einziges Schnapsglas passen 30 000-mal mehr Bakterien, als auf der ganzen Welt Menschen leben.

Quelle: Campbell, Reece – Biologie, Heidelberg, 2003

111 111 111 *ergibt mit sich selbst multipliziert eine höchst originelle Zahlenreihe*

Bildet man das Quadrat von 111 111 111, das heißt, multipliziert man diese Zahl mit sich selbst, so erhält man als Ergebnis eine 17-stellige Zahl mit von 1 bis 9 aufsteigender und dann wieder absteigender Ziffernfolge: 12 345 678 987 654 321.

Quelle: http://www.w-akten.de

Mit **118 000 000** *Exemplaren ist der IKEA-Katalog das weltweit auflagenstärkste Druckerzeugnis*

Kein anderes Druckerzeugnis – die Bibel eingeschlossen – wird häufiger produziert als der IKEA-Katalog: Im Jahr 2002 waren es 118 Millionen Exemplare, von denen allein in Deutschland 26 Millionen verteilt wurden. Der Katalog erscheint in 21 Sprachen und 44 lokalen Ausgaben. Mit seiner Herstellung sind 200 Mitarbeiter das ganze Jahr hindurch beschäftigt.

Quellen: http://www.w-akten.de; http://www.ikea.de

1 Milliarde *kann auch 1 Billion sein*

Eine Milliarde sind tausend Millionen, in Zahlen ausgedrückt: 1 000 000 000 oder etwas mathematischer 10^9. Das wäre völlig eindeutig, wenn es sich im englischen Sprachraum nicht durchgesetzt hätte, hier von »billion« zu sprechen. Das führt insofern zu Verwirrungen, als eine Billion in den meisten Ländern der Erde 1000 Milliarden oder 10^{12} sind. Wenn von einer »Billion« die Rede ist – zum Beispiel im Zusammenhang mit dem US-amerikanischen Haushaltsdefizit –, heißt es also, gut aufzupassen, was damit genau gemeint ist.

Quelle: http://de.wikipedia.org

Wenn man auf das erste Feld eines Schachbretts ein Reiskorn legt und die Anzahl jedes Feld verdoppelt, liegen am Ende **18 466 744 073 709 551 615** *Reiskörner auf dem Brett*

Die Geschichte ist uralt: Ein weiser Scheich wollte einst jemanden, der ihm einen großen Gefallen getan hatte, angemessen belohnen und bot ihm als Geschenk Reis an. Auf das erste Feld eines Schachbretts wollte er ein Reiskorn legen, auf das zweite 2, auf das dritte 4, auf das vierte 8, und so wollte er von Feld zu Feld die Anzahl der Reiskörner verdoppeln. Derjenige, dem das Geschenk zugedacht war, lehnte jedoch ab, weil er glaubte, auf diese Weise zu wenig zu bekommen. Hätte er das Angebot akzeptiert, hätte er viel mehr Reis erhalten, als er zeitlebens hätte essen können, nämlich allein auf dem letzten Feld 2^{63} Körner, das sind exakt 9 223 372 036 854 775 808 Stück. Nimmt man den Reis auf den ersten 63 Feldern dazu, kommt man auf eine Gesamtkörnerzahl von 18 466 744 073 709 551 615 (18 Trillionen 466 Billiarden 744 Billionen 73 Milliarden 709 Millionen 551 Tausend 615). Das ist das 850-Fache der Weltjahresproduktion an Reis, die im Jahr 1994 539 Millionen Tonnen betrug.

Quelle: http://www.mathekiste.de

Diophant von Alexandrien wurde
??? Jahre alt

Zum Abschluss ein kleines Rätsel: Einer der bedeutendsten Mathematiker der Antike war Diophant, der um 250 vor Christus in Alexandria lebte. Sein Hauptwerk »Arithmetica«, der einzige erhaltene umfassende Text zur Algebra der griechischen Antike, hat die Entwicklung der Mathematik entscheidend beeinflusst. Dass wir sein Alter kennen, liegt an der Inschrift seines Epitaphs, die auf der Teilbarkeit seines Todesalters durch viele Zahlen basiert und folgendermaßen lautet: »Passant, unter diesem Stein ruht Diophant. Oh, großes Wunder, die Wissenschaft zeigt dir die Dauer seines Lebens. Gott gewährte ihm die Gunst, den sechsten Teil seines Lebens jung zu sein. Ein Zwölftel dazu, und er ließ bei ihm einen schwarzen Bart sprießen. Ein weiteres Siebentel später war der Tag seiner Hochzeit. Und im fünften Jahr ging aus dieser Verbindung ein Kind hervor. Ach, bedauernswerter Jüngling: Er bekam die Kälte des Todes zu spüren, als er nur halb so alt war, wie sein Vater schließlich wurde. Vier Jahre danach fand dieser dann Trost für seinen Schmerz, und mit dieser Weisheit schied er aus dem Leben. Wie lange währte es?«

Berücksichtigt man all die verschlüsselten Angaben, so kommt man auf ein Lebensalter von ? Jahren.

Quellen: http://www.gomeck.de; http://www.eclabs.de; www.zahlenjagd.at

Die Lösung ist: vierundachtzig Jahre

Jürgen Brater

Lexikon der rätselhaften Körpervorgänge

*Von Alkoholrausch bis Zähne-
knirschen. 464 Seiten.
Serie Piper*

Fördert ein Schnaps nach einem opulenten Essen die Verdauung? Warum ist Gähnen an-
steckend? Wie entstehen dunk-
le Ringe unter den Augen? Und spricht ein Bauchredner wirklich mit dem Bauch? Der Mediziner Jürgen Brater liefert unterhaltsame, lehrrei-
che und überraschende Erklä-
rungen für fast 700 alltägliche Rätsel unseres Körpers – von A wie Anspannung über M wie Muskelkater bis Z wie Zähne-
klappern.

»Obwohl das Buch lexikonar-
tig aufgebaut ist, ist man immer wieder versucht, es wie einen Roman zu lesen, da oft die Antwort auf die folgende Frage mindestens so interessant ist wie die gerade gelesene.«
Der Allgemeinarzt

Jürgen Brater

Bier auf Wein, das lass sein!

*Kleines Lexikon der unsinnigen Regeln und Ermahnungen.
160 Seiten. Serie Piper*

»Schwimmen nach dem Essen ist gefährlich«, »Von warmem Brot bekommt man Bauch-
weh« oder »Frühstückseier köpft man nicht« – viele solche Sprüche werden von Generation zu Generation weitergege-
ben. Doch wie verhält es sich mit ihrem Wahrheitsgehalt? Jürgen Brater hat die vermeint-
lichen Volksweisheiten unter-
sucht und festgestellt: Die meisten sind nichts als Ammen-
märchen – weshalb wir uns künftig nicht mehr schlaflos im Bett wälzen müssen, weil der Schlaf vor Mitternacht angeblich der gesündeste ist ...

»Munter malträtiert Jürgen Brater alte Lebensregeln mit den Gesetzen der Physik, mit chemischen Reaktionen und medizinischen Studien – ohne dabei in wissenschaftliches Kauderwelsch zu verfallen.«
Tages-Anzeiger, Zürich

05/1557/02/L

05/2056/01/R

Peter D'Epiro, Mary Desmond Pinkowish

Sieben Weltwunder, drei Furien

Und 64 andere Fragen, auf die Sie keine Antwort wissen. Aus dem Amerikanischen von Thorsten Schmidt. 443 Seiten mit 8 Abbildungen. Serie Piper

Kennen Sie die 3 Hauptsätze der Thermodynamik, die 3 Instanzen der Psyche und die 3 Furien? Wer sind die 4 apokalyptischen Reiter, und was sind die 5 Säulen des Islam? Können Sie die 10 Gebote aufsagen und die Namen der 12 Ritter der Tafelrunde nennen? Dieses Lexikon gibt, nach der Zahl geordnet, unterhaltsam und fundiert Antwort auf 66 Fragen, die man einmal wußte, inzwischen wieder vergessen hat – und nun in diesem Buch nachschlagen kann.

»Eine amüsante Tour de force durch den klassischen Bildungsfundus.«
Die Presse Wien

Wolf Schneider

Deutsch für Kenner

Die neue Stilkunde. 397 Seiten. Serie Piper

In Wolf Schneider, dem journalistischen Profi schlechthin, begegnet man einem Lehrmeister der Spitzenklasse. Sein Katalog der Verfehlungen ist schier grenzenlos, sein Katalog der Hilfsmaßnahmen praktisch und einleuchtend. Am ausführlichsten widmet er sich dem obersten Gebot der Verständlichkeit – ein weites Feld! Mit »Deutsch für Kenner« gelang ihm wiederum ein überaus nützlicher Führer durch die deutsche Sprache, eine Fundgrube für jeden, der die deutsche Sprache liebt.

SERIE
PIPER

Martin Cohen
99 philosophische Rätsel
Aus dem Englischen von Dirk Oetzmann. 272 Seiten mit 87 Abbildungen. Serie Piper

Ist Zeit umkehrbar? Kann Achilles die Schildkröte überholen? Was ist Liebe? Schon die alten Griechen hatten ihre Freude daran, verblüffend einfache Fragen zu stellen, um sich dann tagelang die Köpfe zu zerbrechen. Martin Cohen hat 99 philosophische Rätsel zusammengestellt, die ganz spielerisch in philosophisches Denken einführen. Leicht verständlich und unterhaltsam erklärt er Grundbegriffe der Philosophie und stellt bekannte Geistesgrößen vor. Ein Buch, mit dem jeder zum Philosophen werden kann!

»Eine ideale Ein- und Verführung in die Philosophie.«
Bild der Wissenschaft

Jörg Meidenbauer
Lexikon der Geschichtsirrtümer
Von Alpenüberquerung bis Zonengrenze. 368 Seiten. Serie Piper

Waren die Wandalen wirklich so zerstörungswütig? Wurde die berühmte Bibliothek von Alexandria von den Arabern zerstört? Und wie verhält es sich mit der Geschichte vom Ei des Kolumbus? Der Historiker Jörg Meidenbauer räumt auf mit den größten Irrtümern und Legenden aus Geschichte, Politik und Kultur – amüsant, informativ und originell.

»Ein ›anderes‹ Geschichtsbuch, das unterhaltsame Episoden versammelt und Licht hinter so manchen Irrtum bringt.«
Gießener Allgemeine

05/1990/01/L

05/2065/01/R

Ein Satz sagt mehr als tausend Worte ...

Helge Hesse
Hier stehe ich, ich kann nicht anders
In 80 Sätzen durch die Weltgeschichte
368 Seiten · Gebunden
€ 19,90 (D) · sFr 34,90
ISBN 978-3-8218-5601-8

»Wissen ist Macht«, wusste schon Francis Bacon.
»Nutze den Tag«, rät uns Horaz. »Nach uns die
Sintflut«, behauptete die Marquise de Pompadour.
»Wollt ihr den totalen Krieg?«, fragte Goebbels.
»Wer zu spät kommt, den bestraft das Leben«,
sagte Gorbatschow.

Ausgehend von 80 ausgewählten bekannten Sätzen
führt Helge Hesse unterhaltsam und anschaulich
durch 2600 Jahre Weltgeschichte. Ob Antike,
Renaissance, Französische Revolution oder Zweiter
Weltkrieg: Jeder dieser Sätze öffnet die Tür in
eine bestimmte Epoche und lässt deren Ereignisse,
Menschen und berühmte Orte wieder lebendig
werden – von Thales von Milets »Erkenne dich selbst«
bis zu George W. Bushs »Die Achse des Bösen«.

Eichborn
Kaiserstraße 66
60329 Frankfurt/Main
Tel. 069/25 50 03-0
Fax 069/25 60 03-30
www.eichborn.de

Wir schicken Ihnen gern ein Verlagsverzeichnis.